技工院校"十四五"规划室内设计专业系列教材
中等职业技术学校"十四五"规划艺术设计专业系列教材

办公空间设计

朱江　周亚蓝　康弘玉　梁露茜　主编

练丽红　汪志科　张嫄　副主编

华中科技大学出版社
http://www.hustp.com
中国·武汉

内容简介

　　本书通过深入分析与讲解办公空间设计的要素、原理、方法和技巧，帮助学生建立较为完善的办公空间设计理论体系，并在此基础上通过展示与分析典型办公空间设计案例，培养学生运用空间设计理论完成对不同办公空间的功能装修和美学装饰。本书理论讲解细致，内容全面，条理清晰，注重理论与实践的结合。每一个项目都有相关的具体学习任务，可以帮助学生更好地掌握学习要点。

图书在版编目（CIP）数据

办公空间设计 / 朱江等主编 . — 武汉：华中科技大学出版社，2021.6
ISBN 978-7-5680-7222-9

Ⅰ . ①办… Ⅱ . ①朱… Ⅲ . ①办公室－室内装饰设计 Ⅳ . ① TU243

中国版本图书馆 CIP 数据核字 (2021) 第 110723 号

办公空间设计
Bangong Kongjian Sheji

朱江　周亚蓝　康弘玉　梁露茜　主编

策划编辑：金　紫

责任编辑：叶向荣

装帧设计：金　金

责任监印：朱　玢

出版发行：华中科技大学出版社（中国·武汉）　　　电　　话：（027）81321913
　　　　　武汉市东湖新技术开发区华工科技园　　　邮　　编：430223

录　　排：天津清格印象文化传播有限公司

印　　刷：湖北新华印务有限公司

开　　本：889mm×1194mm　1/16

印　　张：6.5

字　　数：212 千字

版　　次：2021 年 6 月第 1 版第 1 次印刷

定　　价：45.00 元

技工院校"十四五"规划室内设计专业系列教材
中等职业技术学校"十四五"规划艺术设计专业系列教材
编写委员会名单

● 编写委员会主任委员

文健（广州城建职业学院科研副院长）

王博（广州市工贸技师学院文化创意产业系室内设计教研组组长）

罗菊平（佛山市技师学院设计系副主任）

叶晓燕（广东省交通城建技师学院艺术设计系主任）

宋雄（广州市工贸技师学院文化创意产业系副主任）

谢芳（广东省理工职业技术学校室内设计教研室主任）

吴宗建（广东省集美设计工程有限公司山田组设计总监）

刘洪麟（广州大学建筑设计研究院设计总监）

曹建光（广东建安居集团有限公司总经理）

汪志科（佛山市拓维室内设计有限公司总经理）

● 编委会委员

张宪梁、陈淑迎、姚婷、李程鹏、阮健生、肖龙川、陈杰明、廖家佑、陈升远、徐君永、苏俊毅、邹静、孙佳、何超红、陈嘉銮、钟燕、朱江、范婕、张淏、孙程、陈阳锦、吕春兰、唐楚柔、高飞、宁少华、麦绮文、赖映华、陈雅婧、陈华勇、李儒慧、阚俊莹、吴静纯、黄雨佳、李洁如、郑晓燕、邢学敏、林颖、区静、任增凯、张琮、陆妍君、莫家娉、叶志鹏、邓子云、魏燕、葛巧玲、刘锐、林秀琼、陶德平、梁均洪、曾小慧、沈嘉彦、李天新、潘启丽、冯晶、马定华、周丽娟、黄艳、张夏欣、赵崇斌、邓燕红、李魏巍、梁露茜、刘莉萍、熊浩、练丽红、康弘玉、李芹、张煜、李佑广、周亚蓝、刘彩霞、蔡建华、张嫄、张文倩、李盈、安怡、柳芳、张玉强、夏立娟、周晟恺、林挺、王明觉、杨逸卿、罗芬、张来涛、吴婷、邓伟鹏、胡彬、吴海强、黄国燕、欧浩娟、杨丹青、黄华兰、胡建新、王剑锋、廖玉云、程功、杨理琪、叶紫、余巧倩、李文俊、孙靖诗、杨希文、梁少玲、郑一文、李中一、张锐鹏、刘珊珊、王奕琳、靳欢欢、梁晶晶、刘晓红、陈书强、张劼、罗茗铭、曾蔷、刘珊、赵海、孙明媚、刘立明、周子渲、朱苑玲、周欣、杨安进、吴世辉、朱海英、薛家慧、李玉冰、罗敏熙、原浩麟、何颖文、陈望望、方剑慧、梁杏欢、陈承、黄雪晴、罗活活、尹伟荣、冯建瑜、陈明、周波兰、李斯婷、石树勇、尹庆

● 总主编

文健，教授，高级工艺美术师，国家一级建筑装饰设计师。全国优秀教师，2008年、2009年和2010年连续三年获评广东省技术能手。2015年被广东省人力资源和社会保障厅认定为首批广东省室内设计技能大师，2019年被广东省教育厅认定为建筑装饰设计技能大师。中山大学客座教授，华南理工大学客座教授，广州大学建筑设计研究院室内设计研究中心客座教授。出版艺术设计类专业教材120种，拥有自主知识产权的专利技术130项。主持省级品牌专业建设、省级实训基地建设、省级教学团队建设3项。主持100余项室内设计项目的设计、预算和施工，内容涵盖高端住宅空间、办公空间、餐饮空间、酒店、娱乐会所、教育培训机构等，获得国家级和省级室内设计一等奖5项。

● 合作编写单位

（1）合作编写院校

广州市工贸技师学院	东莞实验技工学校
佛山市技师学院	广东省粤东技师学院
广东省交通城建技师学院	珠海市技师学院
广东省理工职业技术学校	广东省工业高级技工学校
台山敬修职业技术学校	广东省工商高级技工学校
广州市轻工技师学院	广东江南理工高级技工学校
广东省华立技师学院	广东羊城技工学校
广东花城工商高级技工学校	广州市从化区高级技工学校
广东省技师学院	广州造船厂技工学校
广州城建技工学校	海南省技师学院
广东岭南现代技师学院	贵州省电子信息技师学院
广东省国防科技技师学院	
广东省岭南工商第一技师学院	
广东省台山市技工学校	
茂名市交通高级技工学校	
阳江技师学院	
河源技师学院	
惠州市技师学院	
广东省交通运输技师学院	
梅州市技师学院	
中山市技师学院	
肇庆市技师学院	
江门市新会技师学院	
东莞市技师学院	
江门市技师学院	
清远市技师学院	
山东技师学院	
广东省电子信息高级技工学校	

（2）合作编写组织

广东省集美设计工程有限公司

广东省集美设计工程有限公司山田组

广州大学建筑设计研究院

中国建筑第二工程局有限公司广州分公司

中铁一局集团有限公司广州分公司

广东华坤建设集团有限公司

广东翔顺集团有限公司

广东建安居集团有限公司

广东省美术设计装修工程有限公司

深圳市卓艺装饰设计工程有限公司

深圳市深装总装饰工程工业有限公司

深圳市名雕装饰股份有限公司

深圳市洪涛装饰股份有限公司

广州华浔品味装饰工程有限公司

广州浩弘装饰工程有限公司

广州大辰装饰工程有限公司

广州市铂域建筑设计有限公司

佛山市室内设计协会

佛山市拓维室内设计有限公司

佛山市星艺装饰设计有限公司

佛山市三星装饰设计工程有限公司

广州瀚华建筑设计有限公司

广东岸芷汀兰装饰工程有限公司

广州翰思建筑装饰有限公司

广州市玉尔轩室内设计有限公司

武汉半月景观设计公司

惊喜（广州）设计有限公司

序 言

技工教育是中国职业技术教育的重要组成部分，主要承担培养高技能产业工人和技术工人的任务。随着"中国制造2025"战略的逐步实施，建设一支高素质的技能人才队伍是实现规划目标的必备条件。如今，技工院校的办学水平和办学条件已经得到很大的改善，进一步提高技工院校的教育、教学水平，提升技工院校学生的职业技能和就业率，弘扬和培育工匠精神，打造技工教育的特色，已成为技工院校的共识。而技工院校高水平专业教材建设无疑是技工教育特色发展的重要抓手。

本套规划教材以国家职业标准为依据，以培养学生的综合职业能力为目标，以典型工作任务为载体，以学生为中心，根据典型工作任务和工作过程设计教材的项目和学习任务。同时，按照职业标准和学生自主学习的要求进行教材内容的设计，结合理论教学与实践教学，实现能力培养与工作岗位对接。

本套规划教材的特色在于，在编写体例上与技工院校倡导的"教学设计项目化、任务化，课程设计教、学、做一体化，工作任务典型化，知识和技能要求具体化"紧密结合，体现任务引领实践的课程设计思想，以典型工作任务和职业活动为主线设计教材结构，以职业能力培养为核心，将理论教学与技能操作相融合作为课程设计的抓手。本套规划教材在理论讲解环节做到简洁实用，深入浅出；在实践操作训练环节体现以学生为主体的特点，创设工作情境，强化教学互动，让实训的方式、方法和步骤清晰明确，可操作性强，并能激发学生的学习兴趣，促进学生主动学习。

为了打造一流品质，本套规划教材组织了全国40余所技工院校共100余名一线骨干教师和室内设计企业的设计师（工程师）参与编写。校企双方的编写团队紧密合作，取长补短，建言献策，让本套规划教材更加贴近专业岗位的技能需求和技工教育的教学实际，也让本套规划教材的质量得到了充分保证。衷心希望本套规划教材能够为我国技工教育的改革与发展贡献力量。

技工院校"十四五"规划室内设计专业系列教材

总主编

中等职业技术学校"十四五"规划艺术设计专业系列教材

教授/高级技师 文健

2020年6月

前言

办公空间设计是室内设计专业一门主修课程。办公空间设计是指对特定的办公工作环境进行设计，涉及心理学、行为学、人体工程学、建筑学、艺术学和美学等领域。

本书的内容共分为五个训练项目。项目一为办公空间设计概述，提高学生对办公空间设计的认识。项目二为办公空间设计要素，让学生了解办公空间的功能分区与各组成要素，掌握办公空间功能分区、家具选择、植物配置、界面设计、照明设计等构成办公空间的重要元素。项目三为办公空间设计原理，让学生通过对企业文化、人体工程学、色彩等与办公空间设计相关的学习，了解办公空间设计的基础原理，提高学生的设计思维能力和实操能力。项目四通过学习不同类型办公空间设计，让学生在执行实际设计案例任务的过程中，掌握办公空间设计原理并了解不同类型办公空间的设计需求。项目五通过赏析办公空间设计经典案例，提高学生的设计鉴赏能力和审美能力。

本书概念严谨，重点突出，语言朴实，深入浅出，既有基本理论阐述，又有实践环节练习。一方面，技工院校的老师可根据本书更好地开展教学实践，另一方面，学生可按照书中的方法训练，在短时间内提升自己的专业技能和工作实践水平。本书所收录的大量精美图片具备较高的参考价值和收藏价值。本书可作为技工院校、中职中专类院校室内设计专业教材使用，也可以作为业余爱好者的自学参考书。

本书在编写过程中得到广州城建职业学院、惠州市技师学院、河源技师学院、山东技师学院和佛山市拓维室内设计有限公司，以及其他院校师生的大力支持和帮助，在此表示衷心的感谢。本书项目一学习任务一、学习任务二由康弘玉编写，项目一学习任务三由练丽红编写；项目二学习任务一、学习任务二、学习任务四由张婳编写，项目二学习任务三由康弘玉编写，项目二学习任务五由汪志科编写；项目三学习任务一由朱江编写，项目三学习任务二、学习任务三由练丽红编写；项目四学习任务一由朱江编写，项目四学习任务二、学习任务三、学习任务四由周亚蓝编写；项目五学习案例一由朱江、练丽红编写，学习案例二由周亚蓝编写。由于编者学术水平有限，本书可能存在一些不足之处，敬请读者批评指正。

朱 江
2021 年 3 月

课时安排（建议课时 58）

项目	课程内容	课时	
项目一 办公空间设计概述	学习任务一 办公空间设计基础	2	
	学习任务二 办公空间设计发展脉络	2	6
	学习任务三 办公空间设计原则和流程	2	
项目二 办公空间设计要素	学习任务一 办公空间功能分区	4	
	学习任务二 办公空间家具选择	4	
	学习任务三 办公空间植物配置	4	20
	学习任务四 办公空间界面设计	4	
	学习任务五 办公空间照明设计	4	
项目三 办公空间设计原理	学习任务一 企业文化与办公空间设计	4	
	学习任务二 人体工程学与办公空间设计	4	12
	学习任务三 办公空间色彩设计	4	
项目四 不同类型办公空间设计	学习任务一 单间式办公空间设计	4	
	学习任务二 开敞式办公空间设计	4	
	学习任务三 景观式办公空间设计	4	16
	学习任务四 综合式办公空间设计	4	
项目五 办公空间设计经典案例赏析	学习案例一 华为 VR/AR 软件中心南昌办公空间设计	2	
	学习案例二 新丝路电子商务公司办公空间设计	2	4

目　录

项目一
办公空间设计概述

学习任务一　办公空间设计基础
学习任务二　办公空间设计发展脉络
学习任务三　办公空间设计原则和流程

学习任务 一

办公空间设计基础

教学目标

（1）专业能力：了解办公空间设计的基本概念和分类，熟悉办公空间设计的基本内容。

（2）社会能力：提升自我学习能力、语言表达能力和空间想象能力。

（3）方法能力：资料收集、归纳和整理能力，以及资料提炼和分析能力。

学习目标

（1）知识目标：了解办公空间设计的概念和分类，以及办公空间设计的内容。

（2）技能目标：能够分析办公空间设计案例，并提炼设计元素。

（3）素质目标：能自主学习、举一反三，具备团队协作能力和沟通表达能力。

教学建议

1. 教师活动

（1）备自己：热爱学生、知识丰富、方法得当、难易适当，加强实用性。

（2）备学生：做教学课件、图形成果、抛砖引玉、实例示范，加强针对性。

（3）备课堂：讲解清晰、重点突出、难点突破、因材施教，加强层次性。

（4）备专业：掌握办公空间设计的要求，教授知识与传授技能相结合。

2. 学生活动

（1）课前活动：看书、看课件、看视频、记录问题，重视预习。

（2）课堂活动：听讲、看课件、看视频、解决问题，反复实践。

（3）课后活动：总结、做笔记、学方法、举一反三，分组讨论。

（4）专业活动：学生在教师的引导下，通过赏析优秀办公空间设计案例，深入理解办公空间设计的概念以及办公空间的功能和分类。联系自身职业发展规划，激发学习兴趣。

一、学习问题导入

　　本次学习任务的主要内容为办公空间设计的基本概念以及办公空间的功能和分类。相信同学们在日常生活或影视作品中都看见过很多办公空间。办公空间设计作为室内公共空间设计的主要类型，是室内设计专业的重要组成部分。同学们请欣赏如图1-1所示的办公空间设计案例，归纳其设计亮点并分享具体感受。

图1-1 以色列 Studio BA 设计作品

二、学习任务讲解

（一）办公空间设计的基本概念

办公空间是指处理工作事务或提供公共服务的空间场所。办公空间的定义、规模与其工作特点、人员构成、工作要素等紧密关联。办公空间设计包括对办公场所及辅助空间的设计。办公空间设计不仅需要考虑空间布局、功能区设置，以及空间材料、色彩、照明和办公家具的选择等技术因素，还需要考虑文化、历史、企业内涵和价值观等精神因素。办公空间设计是为了给公司员工打造舒适、高效、便捷、安全的工作环境，提高公司的品牌形象和员工的工作效率，如图1-2和图1-3所示。

图1-2 望京 SOHO 办公空间

图1-3 龙禾投资办公空间

（二）办公空间的功能和分类

1. 办公空间的功能

办公空间包括办公场所和辅助空间。其主要功能区包括体现企业形象的前台区域，空间密度较大的员工办公区，具有一定私密性要求的经理室、总经理室、董事长室、会议室和接待室，具备临时用餐功能的休闲空间和娱乐空间等。

2. 办公空间的分类

按照布局形式，办公空间可以分为单间式办公空间和开敞式办公空间。

（1）单间式办公空间。

单间式办公空间是将办公区设置在独立空间内的办公空间形式。其优点是各空间之间相互干扰小，私密性较好；缺点是空间较为封闭，开放性不足，如图1-4所示。

图1-4 单间式办公空间

（2）开敞式办公空间。

开敞式办公空间是将办公区设置于一个大空间之中，功能区域之间采用透明或半透明隔断，保持空间的开敞性和流动性的办公空间形式。其优点是空间视野较为开阔、舒展，空间中各功能区之间交流较好，缺点是私密性较差，如图1-5所示。

图1-5 开敞式办公空间

按照业务性质，办公空间可以分为行政办公空间、商业办公空间、专业性办公空间和综合性办公空间。

（1）行政办公空间。

行政办公空间是党政机关、人民团体、事业单位的办公空间。其空间形象要求稳重、大方、朴素、得体，设计以简洁、实用为主，如图1-6所示。

（2）商业办公空间。

商业办公空间是国有企业或民营企业办公空间，其设计风格应与企业品牌和形象相结合，突出企业形象和价值观，如图1-7所示。

（3）专业性办公空间。

专业性办公空间是从事专业性工作的办公空间，如设计公司、证券公司、床品研发公司等。其设计风格应具有时代感和创新性，充分体现公司的专业特点和专业形象，如图1-8所示。

图1-6 行政办公空间

图1-7 商业办公空间

图 1-8 专业性办公空间

（4）综合性办公空间。

综合性办公空间是以办公空间为主，同时包含餐饮、住宿和展示等综合功能的办公空间，如图 1-9 所示。

图 1-9 综合性办公空间

三、学习任务小结

通过本次任务的学习，同学们对办公空间设计的基本概念和办公空间的功能及分类有了比较清晰的了解，同时，对办公空间设计的内容也有了全面的认识。希望大家能养成收集和鉴赏优秀设计案例的习惯，为后续的课程学习奠定良好的理论基础。课后，同学们要在不同的平台收集不同类型和风格的办公空间设计案例，提炼其中的设计元素，归纳设计理念，形成设计资料库，为今后的设计实践做好准备。

四、课后作业

（1）请简要阐述办公空间设计的基本概念和办公空间的分类。

（2）收集 10 个办公空间设计案例。

学习任务

二

办公空间设计发展脉络

教学目标

（1）专业能力：了解办公空间设计的历史发展脉络，熟悉办公空间设计的内容，了解办公空间设计的发展趋势；能运用办公空间设计的综合知识，对优秀设计实例及设计现象进行鉴赏，并提高办公空间设计认知水平。

（2）社会能力：理解办公空间发展历史对于办公设计实践的影响，从而举一反三，对设计理念进行灵活应用。

（3）方法能力：资料收集、归纳和整理能力，资料提炼和分析能力。

学习目标

（1）知识目标：了解办公空间设计的历史发展脉络，理解办公空间发展过程中新材料、新技艺对办公空间设计的影响。

（2）技能目标：能够理解和分析办公空间各个历史时期不同风格的设计理念。

（3）素质目标：通过学习办公空间的历史发展脉络，提升对办公空间设计的认知，提升办公空间综合设计能力。

教学建议

1. 教师活动

（1）教师通过讲解前期收集的不同时期的办公空间设计案例，让学生感受不同历史时期的办公空间设计特点和设计理念。

（2）运用多媒体课件、教学视频等多种教学手段，讲授知识点并赏析作品，让学生从理性思维角度理解办公空间设计的发展脉络，引导学生根据目前经济、科学技术、材料的发展分析办公空间设计的发展趋势。

（3）融入思政课程内容，充分考虑环境的动态和可持续发展的要求，提倡绿色设计和生态设计，贯彻高效能、高品位、高文化、低消耗的设计思想，促进人与办公环境的共生。

2. 学生活动

（1）课前预习教材，学会发现问题和解决问题；课后复习，能举一反三。

（2）了解各个历史时期办公空间设计的特点，并分析其设计理念，提升对办公空间设计的认知水平。

（3）学生在教师的引导下，通过赏析各个历史时期的办公空间设计案例，分组讨论办公空间的发展趋势和设计要点，提升自己的理解能力和综合设计能力。

一、学习问题导入

唐太宗说"以史为鉴，可以知兴替"。同学们，本次课我们一起来了解办公空间的历史发展脉络。办公空间是人们工作和社交的场所，随着经济的不断发展，人们的工作方式发生了巨大的变化。办公空间作为办公工作的载体，也随着经济和社会的不断发展而发展。了解办公空间的发展历史，能更好地了解各个历史时期办公空间设计的特点，理解和掌握办公空间设计的发展趋势，为从事办公空间设计打下扎实的理论基础。

二、学习任务讲解

（一）办公空间设计的发展脉络

1. 早期办公空间的发展

在工业社会形成之前，人类社会一直处于农业社会。农业社会是以家庭为单位，依托个体农业作为社会生产基础的社会形态。早期的办公行为是一种非独立性分工，往往融合在谋求生存的经济活动之中，因此，具有办公意义的工作场所总是和生活场所融合在一起。

随着商品的丰富和人们对商品交换需求的不断增强，商品交换、发放工钱、记录交易、文件信函交流等贸易活动开始出现，人们对办公空间的需求也就应运而生。如中国传统药店内部办公场所，以提供结算和开药方为主要功能，如图1-10所示。在欧洲中世纪晚期商业城市的行会大厦中，商人们的

图 1-10 中国传统药店内部办公场所

卧室附带办公室，兼具办公功能。居住空间中的书房是早期办公空间的一种形式，随着社会分工的细化，办公空间开始独立出来。

2. 工业社会办公空间的形成与发展

18世纪末至19世纪初，欧洲的工业革命使得社会经济从手工农业经济转向机械工业经济。大规模的机械工业生产带动了社会各层面的发展，越来越多的机构和企业需要建立独立的办公室，以应对和处理各种公共事务。这时期专门用于办公的办公空间逐步形成，办公空间的功能分区也逐步完善。19世纪中后期，电报、电话的应用缩短了办公信息交流的距离，极大地提高了工作效率，打字机的出现使办公更加标准和规范。科技发展使办公空间发生了根本性的变化。办公从传统小规模活动转变到大规模运作，办公由从属性活动发展成独立的产业活动，此时的办公空间如图1-11和图1-12所示。

图 1-11 约翰逊制蜡公司办公楼

图 1-12 约翰逊制蜡公司办公楼大厅

20世纪50年代后，伴随着玻璃幕墙高层办公建筑的出现，玻璃盒子式的办公建筑的进深不再受采光和自然通风的限制，大进深的办公空间迅速发展。著名华裔建筑师贝聿铭设计的香港中国银行大厦，让办公空间的跨度和空间体积得到了极大提升，也让办公空间的功能更加完善，如图1-13所示。

图1-13　香港中国银行大厦

20世纪60年代，德国设计机构奎克波纳小组（Quickborner team）认为传统的办公环境已经不能满足现代工作的需要，所以研究了一种称为"景观式办公空间"的新型办公空间形态。景观的融入既可以丰富视觉环境，也让办公空间有开放、宽松的体验感，与讲究以人为本的现代管理理念相契合，体现出更多的人文关怀。景观式办公空间的设计讲究室内外空间的通透与联动，通过设置景观绿化和景观小品，营造休闲、舒适的办公环境，从而提高办公效率，如图1-14所示。

图1-14　景观式办公空间

20世纪80年代，计算机的兴起和广泛应用给办公空间的设计带来巨大影响。计算机应用彻底改变了人们的时间与空间概念。在办公上，计算机几乎取代了以前所有的办公工具，网络技术为资讯获取提供了广阔的平台，网上交易、网上洽谈、网上查询等办公自动化模式成为办公的主流。工业时代成百上千人的大规模、大空间集团办公的方式显然已经不合时宜，相反小规模、专业化、系统化成为现代办公形态的主流，如图1-15所示。

图1-15　现代信息化办公空间

（二）办公空间的发展趋势

1. 生态化和人性化的设计趋势

办公空间设计是为了给办公人员提供一个良好、舒适的工作环境，满足办公人员的心理和生理需求，提高工作效率。生态化办公空间主张人与自然相结合，力求在办公区域营造出舒适、宜人的生态环境，缓解工作的压力和疲劳，放松身心，让办公人员能以愉悦的心情、旺盛的精力投入工作。办公空间生态化设计倡导人性化的设计理念，表现出情感化、多元化和个性化的趋势，讲究人、空间、环境的相互联系，是未来办公空间发展的主要潮流，如图1-16所示。

图 1-16　生态化办公空间

2. 生活空间与办公空间一体化趋势

信息时代让沟通更加方便、快捷，也让办公空间和生活空间的结合成为可能，SOHO、MO（mobile office）等办公方式快速发展。可变流动式办公空间形式更加便于人们沟通，增进感情，小型化、分散化、灵活化成为办公空间设计的新趋势。通信手段的发展派生出许多的"虚拟办公室"，在任何时间、任何地方都可以通过笔记本电脑和各种通信工具进行工作，这也将是办公空间发展的潮流之一，如图1-17所示。

图 1-17　生活与办公一体化空间

3. 智能化趋势

智能化是未来办公空间设计的趋势之一。智能化和办公自动化的结合让办公变得更加高效。网络和信息中心等智能化设施使办公全面实现数字化。数字化办公让办公不仅仅局限在一个空间里，还可以延伸到一座大楼甚至一个城市、一个地区。办公设备集成化是数字化办公的必然趋势。未来宽敞、宁静的办公室里，常见的打印机、传真机等将难见身影，取而代之的是具有多功能的一体机。无纸化办公改变了办公空间的功能布局，所有信息都可以通过网络实现。一些为销售人员准备的办公室，每个人固定的座位取消了，销售人员回到办公室后可任选座位，只需打开手提电脑就能工作，极大地提高了空间利用率。

4. 新办公文化趋势

未来的办公人员与企业都在强调个性化，渴望用具有特点的形态表达个性，这种渴望体现在办公空间设计上就出现了新办公文化倾向，使办公环境与企业的文化、内涵、理念和愿景紧密结合，塑造出个性化的空间形态。办公空间将与企业 CIS 系统结合起来，把设计提升到展示企业形象的高度，并为办公空间的个性化增添新的内涵。不同层次的办公群体，在各自文化意识、审美情趣上的需求会有很大的差异。未来办公空间设计将打破空间限定，运用夸张的造型和手法体现空间魅力，如图 1-18 和图 1-19 所示。

图 1-18　与企业文化相融合的办公空间设计 1　　　　图 1-19　与企业文化相融合的办公空间设计 2

三、学习任务小结

通过本次任务的学习，同学们对办公空间设计的历史发展脉络有了比较清晰的了解，同时，对办公空间设计的特点和发展趋势也有了全新的认识。随着时代的变迁和经济、科技的发展，办公空间呈现出各式各样的风格与特征。课后，同学们要多收集办公空间设计案例，养成资料收集、整理和归纳的习惯，为后续的课程学习储备素材。

四、课后作业

（1）请简要阐述各个历史时期办公空间设计的主要特征。

（2）收集 20 个办公空间设计案例，并按照风格进行分类。

学习任务 三

办公空间设计原则和流程

教学目标

（1）专业能力：了解办公空间设计原则，掌握办公空间设计流程。

（2）社会能力：培养学生严谨、细致的学习习惯，提升学生团队合作的能力。

（3）方法能力：培养学生设计思维能力和设计创新能力。

学习目标

（1）知识目标：了解办公空间设计原则和流程。

（2）技能目标：按照办公空间设计流程进行办公空间设计。

（3）素质目标：培养严谨、细致的学习习惯，提高个人审美能力和设计创新能力。

教学建议

1. 教师活动

教师通过分析和讲解办公空间设计原则和流程，培养学生的设计实践能力和设计案例分析能力。

2. 学生活动

（1）认真领会和学习办公空间设计原则和流程。

（2）能对办公空间设计案例进行创新性的分析与鉴赏。

一、学习问题导入

办公空间设计的宗旨就是为工作人员创造一个舒适、便捷、安全、高效的工作环境，以便最大限度地提高员工的工作效率。这一宗旨在当前商业竞争日益激烈的情况下尤为重要，它是办公空间设计的目标。下面我们一起来学习办公空间设计原则和流程。

二、学习任务讲解

1. 办公空间设计原则

（1）舒适性。

舒适性是办公空间设计的第一原则，体现在空间的私密性、交通流线的流畅性、采光和照明的明亮程度、室内温度的舒适度、空间尺度和办公家具的人体工程学设计，以及绿化环境的营造等各个方面（图1-20）。

（2）便捷性。

便捷性是办公空间设计的重要原则，主要体现在空间布局和动线设计的合理性，以及沟通交流的方便程度，根本目的是满足使用要求，给办公人员的工作带来方便，提高其在办公空间的工作效率（图1-21）。

图1-20 办公空间舒适性设计

图1-21 办公空间便捷性设计

（3）美观性。

办公空间设计要考虑美观性，美观大方、赏心悦目的空间作环境能让员工愿意待在办公室工作，提升员工的归属感（图1-22）。

图1-22 办公空间美观性设计

（4）安全性。

安全性涉及办公空间的消防和装饰构造的坚固程度，是保证办公空间有效运营的基础。

2.办公空间设计流程

（1）客户调研。

设计师应先和客户进行充分沟通，了解客户的风格喜好、预算投入及其对办公空间的功能需求、人员配置等。

（2）现场勘查。

接受客户委托后，设计师应勘查办公空间现场，测量现场尺寸，拍摄现场照片和视频。现场勘查时应记录好室内外空间的环境，以及朝向和景观。仔细考察建筑的结构，考虑未来装修结构的固定和连接方式。检查楼板是否有裂缝或漏水，窗户的结合处是否紧密，同时，对现场一些较特殊的位置和结构进行装饰处理的构想（图1-23、图1-24）。

（3）进行初步方案设计。

根据测量的尺寸，绘制准确的室内平面布置图。平面布置图的规划和布局需要充分考虑客户提出的使用要求，比如部门和公共空间（门厅、接待室、会议室等）的数量以及领导的办公空间的面积和设施等。室内各功能区域的安排应便于工作和使用。从业务的角度考虑，通常平面的布局顺序是门厅—接待区—洽谈区—员工工作区—会议区—财务室—业务主管室—经理室—董事长室。此外，每个工作程序还有相关的功能区域支持。最好设计2～3个平面方案供客户选择，如图1-25～图1-27所示。

（4）签订设计合同。

明确业主（甲方）和设计师（乙方）的权利和义务，确定设计费用和支付时间节点，签订设计合同并生效。

（5）制作电脑效果图。

根据确定好的平面设计方案，制作办公空间主要区域电脑效果图，主要区域包括总经理室（图1-28）、会议室、休闲区（图1-29）、前台（图1-30）、员工办公区等。

（6）绘制施工图。

根据确定好的电脑效果图，绘制办公空间施工图，施工图包括平面图、立面图、天花图、地材图、水电图、开关图、剖面图、大样图等。

周边环境及朝向分析（东南角、东北角位）

图1-23 现场勘查1

图1-24 现场勘查2

交通动线示意图

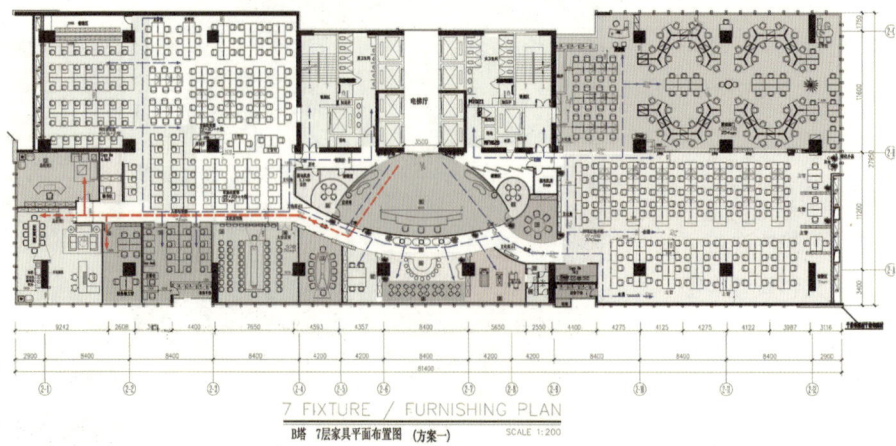

图 1-25　平面布置方案 1

平面方案二（公共开放办公位410）

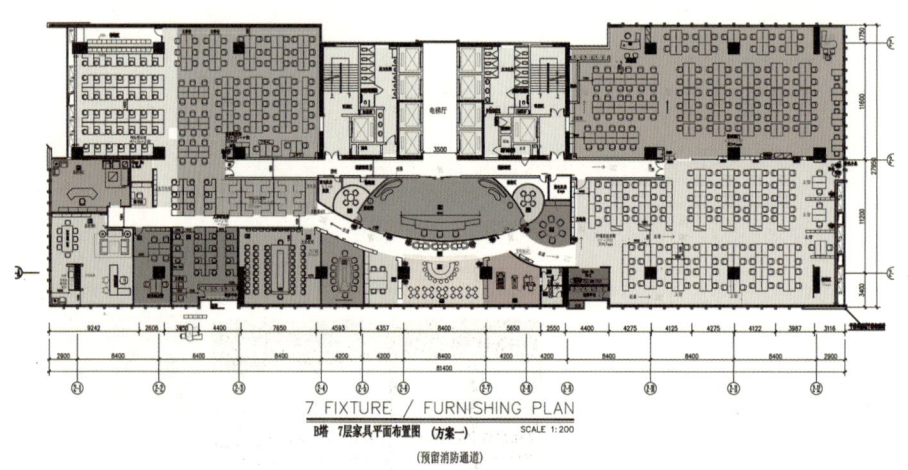

图 1-26　平面布置方案 2

平面方案四（公共开放办公位378）

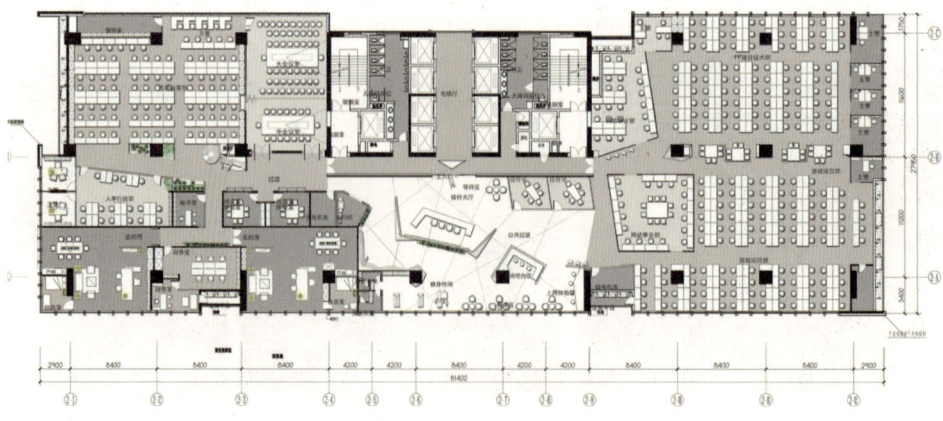

图 1-27　平面布置方案 3

图 1-28 总经理室电脑效果图   图 1-29 休闲区电脑效果图

图 1-30 前台区域电脑效果图

三、学习任务小结

通过本次课程的学习，同学们了解了办公空间设计的原则和流程。通过分析与讲解办公空间设计案例，以及展示与分享真实案例中的办公空间设计图，同学们开拓了设计的视野，提升了对办公空间设计的深层次认识。课后，大家要多收集相关的办公空间设计案例，形成资料库，为今后从事办公空间设计积累素材和经验。

四、课后作业

（1）每位同学收集 2 个办公空间设计案例，并制作一份 PPT 展示每个案例的亮点。

（2）每位同学收集 20 个完整的办公空间设计案例，形成自己的资料库。

项目二
办公空间设计要素

学习任务 一

办公空间功能分区

教学目标

（1）专业能力：能够掌握办公空间的功能分区。

（2）社会能力：关注办公空间设计的发展趋势，收集办公空间的设计方案。

（3）方法能力：信息和资料收集能力，办公空间设计案例分析、提炼及应用能力。

学习目标

（1）知识目标：了解国内外办公空间发展趋势，掌握办公空间功能分区要领。

（2）技能目标：进行办公空间的功能分区设计。

（3）素质目标：大胆、清晰地表述自己的办公空间设计思路，具备团队协作能力和一定的语言表达能力，培养自己的综合能力。

教学建议

1. 教师活动

教师通过展示与分析前期收集的办公空间设计案例的效果图及实景图，提高学生对办公空间设计的直观认识，同时运用多媒体课件、教学视频等多种教学手段，讲授办公空间功能分区的学习要点，指导学生理解办公空间的各种功能分区。

2. 学生活动

（1）学生分组进行展示和讲解优秀办公空间设计案例作业，训练自身语言表达能力和沟通协调能力。

（2）构建有效促进学生自主学习、自我管理的教学模式和评价模式，突出学以致用、以学生为中心的教学特点。

一、学习问题导入

观察如图 2-1 和图 2-2 所示的办公空间，试分析其功能区是如何划分的，用了哪些造型设计手法。在办公空间设计时，我们应如何利用材质、照明、色调等来区分公共办公区域、休息区域和交通辅助区域？

图 2-1 办公空间设计实景图 1

图 2-2 办公空间设计实景图 2

二、学习任务讲解

办公空间设计中的功能分区是指按照办公空间的使用功能进行的区域划分。办公空间的功能分区应先符合工作和实际使用的需要，再根据建筑的结构特点及业主要求进行区域划分。通常的布局是按照公共区、工作区、辅助空间进行划分。例如公共区包括门厅（前台区域）、接待室等，工作区包括员工办公区、单间办公室、会议室等，辅助空间包括水平和垂直交通空间、休闲区、就餐区、卫生间等。另外，还要设置附属设备空间，包括变电室、机房、监控室等。在功能分区时不仅要考虑实际使用，还要遵守建筑设计规范。

1. 办公空间的功能分区

办公空间作为公共空间，是多个子空间的集合体，各子空间按照各自功能的不同，可以分为主要办公空间、公共接待空间、交通联系空间、配套服务空间以及附属设施空间。同时，办公空间又包含生活功能空间、流线功能空间和设备功能空间。其中，生活功能空间包括茶水间、休息室、娱乐室、卫生间、员工餐厅等；流线功能空间包括楼梯、电梯、走廊等；设备功能空间包括空调机房、电脑机房、变电室等，每个功能空间都是办公空间中的有机组成部分。

（1）主要办公空间。

主要办公空间是整个办公空间的主体和核心部分，其条件的优劣直接影响企业经营效率的高低，所以首先应实现该区域环境的最优化。主要办公空间的平面布局形式取决于其使用特点和结构形式以及企业的管理体制，可以分为小单间办公室、中型办公室、大型办公室等。

① 小单间办公室。其私密性和独立性较好，一般面积在 40 ㎡以内，主要用于管理层办公，例如董事长室、总经理室和经理室等。小单间办公室环境舒适、安静，干扰小，私密性好，如图 2-3 和图 2-4 图示。

图 2-3 小单间办公室 1

② 中型办公室。中型办公室对外联系方便，内部联系紧密，一般面积为 40～150m²。中型办公室适合团队协作办公，是员工办公区中团队办公区域的理想形式，遇事沟通互动较方便，如图 2-5 和图 2-6 所示。

③ 大型办公室。大型办公室又称综合性办公室，其内部空间既有一定的独立性又有较为密切的联系，各部分的分区相对灵活、自由，适合多个团队共同作业的办公方式。这种类型的办公室面积较大，空间无实体分隔，整个空间显得开敞、大气，办公位置根据工作流程组合在一起，使办公的效率大大提高，如图 2-7～图 2-10 所示。

图 2-4 小单间办公室 2

图 2-5 中型办公室 1

图 2-6 中型办公室 2

图 2-7 大型办公室 1

图 2-8 大型办公室 2

图 2-9 大型办公室 3

图 2-10 大型办公室 4

（2）公共接待空间。

公共接待空间是办公空间中内外会谈和企业形象展示的区域，包括前台接待区、会客室、接待室、会议室、展示厅、多功能厅等。

① 前台接待区。

前台接待区通常包括接待前台、企业形象背景墙、客人等候区、陈列展示区等一系列功能空间，如图 2-11 和图 2-12 所示。

② 会议室。

会议室主要的功能是开会、接待访客和商务会谈，根据面积大小可分为小型会议室、中型会议室和大型报告厅。在空间相对充裕的情况下，可以设置独立的会议室，保证开会时的私密性。在空间有限的情况下，可以采用半开敞式会议室。为了满足大数据时代现代化商务节奏，会议室应该设置远程会议数字多媒体智能化系统，如图 2-13 和图 2-14 所示。

图 2-11 前台接待区 1

图 2-12 前台接待区 2

图 2-13 半开敞式会议室

图 2-14 独立会议室

（3）交通联系空间。

交通联系空间主要指用于办公空间内交通联系的空间，一般有明确的指示性标志，具备交通导向功能，分为水平交通联系空间和垂直交通联系空间。水平交通联系空间主要指门厅、前台、走廊、电梯厅等。垂直交通联系空间主要指电梯、楼梯等。交通联系空间是各个空间的衔接和过渡空间，是形成合理的交通流线的主要空间，如图 2-15 ~ 图 2-18 所示。

图 2-15 交通联系空间 1

图 2-16 交通联系空间 2

图 2-17 交通联系空间 3

图 2-18 交通联系空间 4

（4）配套服务空间。

配套服务空间是指为办公空间提供服务的空间，是现代办公空间中不可或缺的一部分。配套服务空间包括资料室、档案室、文印室、电脑机房、晒图房、员工餐厅、茶水间以及卫生间和后勤管理办公室等，如图 2-19 和图 2-20 所示。

（5）附属设施空间。

附属设施空间主要指保证办公空间正常运行的附属空间，包括变电室、中央控制室、水泵房、空调机房、电梯机房、电脑机房等。

图 2-19 员工餐厅 1

三、学习任务小结

通过本次课程的学习，同学们已经了解了办公空间的功能分区，以及各个功能区域的主要用途。通过鉴赏与分析办公空间各功能区域设计图片，同学们初步了解了各功能区域的设计特点。课后，同学们要结合本次学习内容查阅相关书籍或微信公众号，掌握当前办公空间设计发展趋势，开阔视野，提高审美素养。

四、课后作业

自建 2～3 人小组，分工合作，收集办公空间设计图 50 张。

图 2-20 员工餐厅 2

学习任务

二

办公空间家具选择

教学目标

（1）专业能力：了解办公家具特点、分类和功能。

（2）社会能力：关注办公空间家具的发展趋势，收集办公空间家具设计图片。

（3）方法能力：信息和资料收集能力，办公空间设计案例分析、提炼及应用能力。

学习目标

（1）知识目标：了解办公空间家具的类型、尺寸和功能特点。

（2）技能目标：根据使用要求选择和设计办公空间家具。

（3）素质目标：具备团队协作能力和一定的语言表达能力。

教学建议

1. 教师活动

教师运用多媒体课件、教学视频等多种教学手段，展示和分析办公空间家具图片，让学生了解办公空间家具的类型和功能特点。

2. 学生活动

了解办公空间家具的类型和功能特点，能根据办公空间的需求选择、搭配家具。

一、学习问题导入

在办公空间中，家具是主要设备，它与使用者的接触最为密切。因此，办公空间家具的设计与选择直接影响到办公效率。观察如图 2-21 和图 2-22 所示的两款现代办公空间家具，大家觉得它们是用什么材质制作而成的呢？放在什么空间更为合适呢？

二、学习任务讲解

1. 办公空间家具特点

（1）按照人体工程学尺寸和人体构造尺寸进行设计，让人的身体各个部分在使用办公空间家具时能够舒适、方便、安全，并提高办公效率，如图 2-23 和图 2-24 所示。

（2）结构轻便，造型简洁，采用工业化材料，如金属、塑料、树脂等，适合工业化大批量加工制造，如图 2-25 所示。

（3）材质轻便，模块化组合，易于搬运。

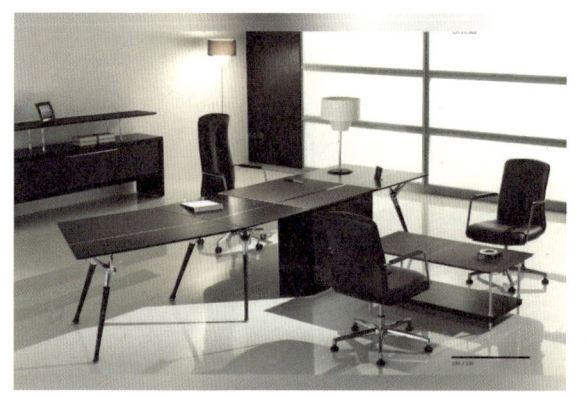

图 2-21 现代办公空间家具 1

图 2-22 现代办公空间家具 2

图 2-23 符合人体工程学的办公空间家具 1

135°后仰锁定

26cm 长度可调

图 2-24 符合人体工程学的办公空间家具 2

图 2-25 适合工业化大批量加工制造的办公空间家具

2. 办公空间家具分类

（1）按照材质分类。

① 实木办公空间家具。

实木办公空间家具是指采用实木制作而成的办公空间家具，主要特点是体积厚重、色泽自然，纹理清晰。主要使用的木材是水曲柳、松木、杉木、柳木、樟木、红木、花梨等，如图2-26所示。

② 胶合板办公空间家具。

胶合板办公空间家具是指采用夹板、中纤板、密度板、刨花板等材料制作而成的办公空间家具。其优点是取材和制作容易，适合工厂大批量生产，材料不易变形，饰面材料多，色泽均匀，如图2-27所示。

③ 金属办公空间家具。

金属办公空间家具是指用金属管材作为骨架，配以木材、玻璃、石材等辅助材料，通过压模、弯曲、焊接等加工工艺制造而成的办公空间家具。

④ 玻璃办公空间家具。

玻璃办公空间家具是指采用高硬度的钢化玻璃和金属框架相结合制作而成的办公空间家具。其优点是通透感强、时尚现代，如图2-28所示。

（2）按照使用功能分类。

办公空间家具从使用功能上可以分为办公椅、办公桌、文件柜、隔断和单元组合办公空间家具五大类。目前办公空间家具在使用功能上更为人性化，例如座椅可以升降，使用者可以在倚靠、挺直、后仰等非典型工作姿势下，获得身体平衡支撑的舒适感。办公空间家具的智能化发展日新月异，如运用计算机电子传感技术给家具增加了智能控制系统。办公空间家具设计不再是单纯的一桌一椅的组合设计，而是按照单体设计、单元设计、组合设计和办公室布置设计四个阶段有计划、有步骤地进行的设计。

单体设计是指桌、椅、柜等单件家具设计，每件家具的设计都与人体尺寸有关，而人在办公过程中的姿态和舒适尺寸，以及办公椅与办公桌之间的尺寸关系，都直接影响到单件家具的设计。

① 办公椅。

办公椅形式多样，设计规格以人体尺寸为依据，同时要求具有较好的可调节性。这样可以减少因长期坐姿而产生的肌肉疲劳，提高工作效率，如图2-29和图2-30所示。

图2-26 实木办公空间家具

图2-27 胶合板办公空间家具

图2-28 玻璃办公空间家具

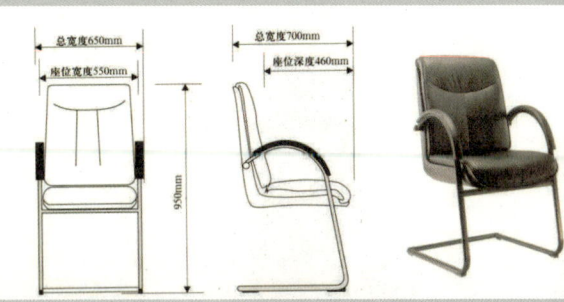

图2-29 办公椅1

图2-30 办公椅2

② 办公桌。

办公桌是使用率非常高的办公空间家具，它承担办公及用品存放的功能。其设计要在功能上具有可以提高工作效率的桌面、不易产生疲劳的高度和容纳下肢活动的桌下空间，并方便办公自动化设施的存放和安装，如图2-31～图2-33所示。

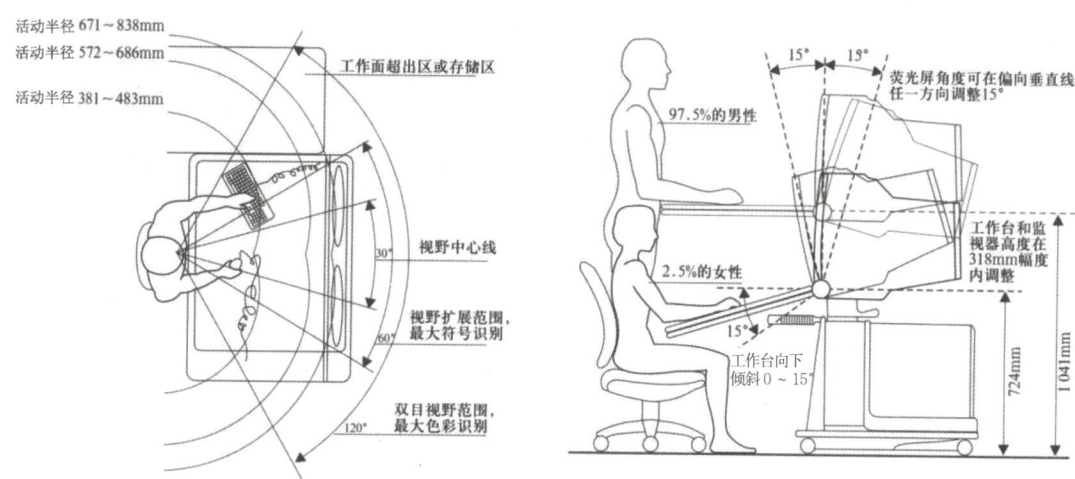

图 2-31 办公桌活动尺寸

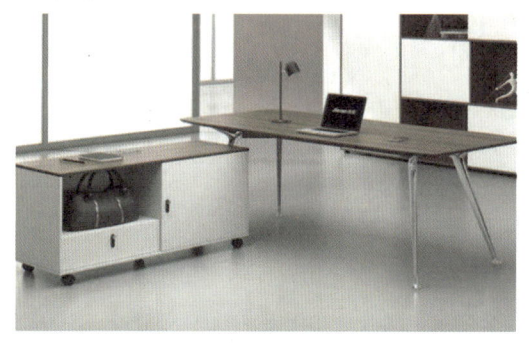

图 2-32 办公桌设计 1

图 2-33 办公桌设计 2

③ 文件柜。

文件柜是储藏文件及收纳办公物品的家具，分为移动型文件柜（图2-34）、固定式壁柜和轨道式档案柜等。

图 2-34 移动型文件柜

④ 隔断。

隔断是用来分隔办公空间功能区的家具，隔断的构件应该便于组装，电线、网线、开关等都可以暗藏于隔断的框架内。隔断有封闭式隔断和开放式隔断两种，封闭式隔断可以代替墙壁将办公区域分隔成独立的单间；开放式隔断利用模数规律设计一系列隔板屏风，并可以根据需要组成不同的单元，如图 2-35 ～图 2-37 所示。

图 2-35 封闭式隔断　　　　图 2-36 开放式隔断

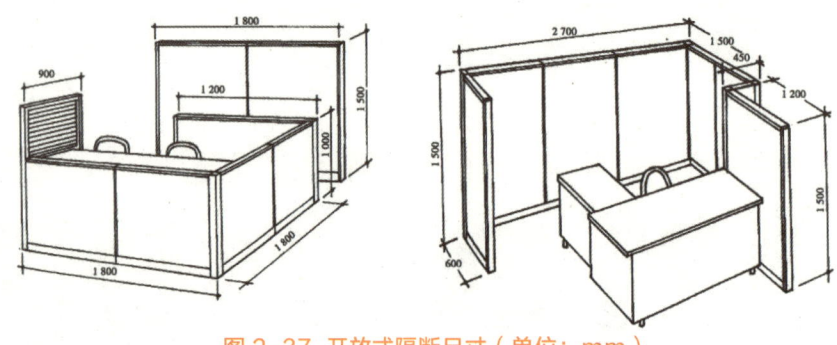

图 2-37 开放式隔断尺寸（单位：mm）

⑤ 单元组合办公空间家具。

单元组合办公空间家具是以单元为单位组合在一起的办公空间家具。单元组合办公空间家具形成一个完整工作组，便于沟通和联络。办公空间设计中应尽可能缩小因工作有密切联系的团组的距离，同时减少因距离过长而产生的体力消耗和往返时间。这样不仅方便工作人员之间信息的沟通，提高办事效率，而且可以营造良好的团队工作氛围。

单元组合办公空间家具设计时应考虑在台面上或桌腿等部位设置网线插口、电源开关、USB 接口等设备传输端口，以方便桌面上通信设备、设施的使用；同时还要考虑各种人体尺寸，满足基本的办公、书写文件、放置资料和设备的要求。常见的单元组合办公空间家具有 L 形排列组合、一字形排列组合和 U 形排列组合等类型，如图 2-38 ～图 2-44 所示。

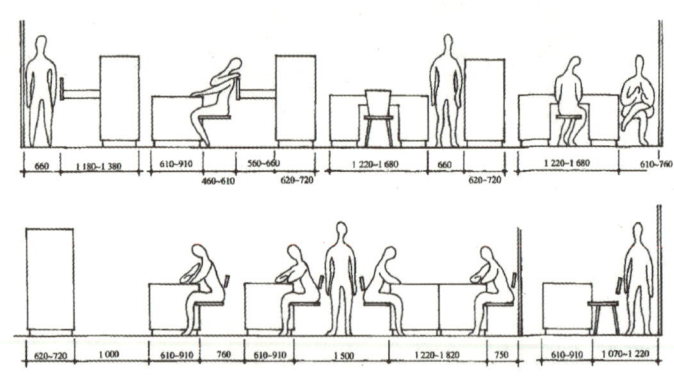

图 2-38 单元组合办公空间家具尺寸 1（单位：mm）

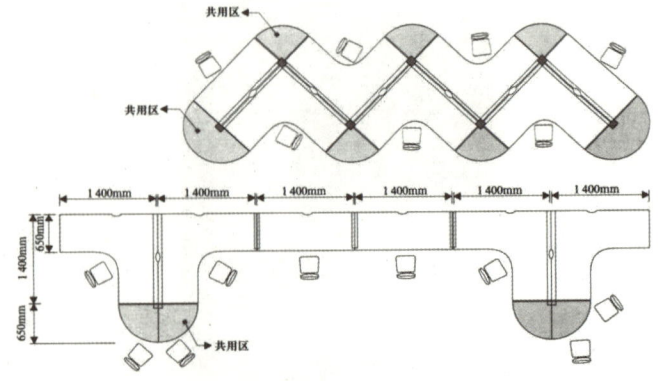

图 2-39 单元组合办公空间家具尺寸 2

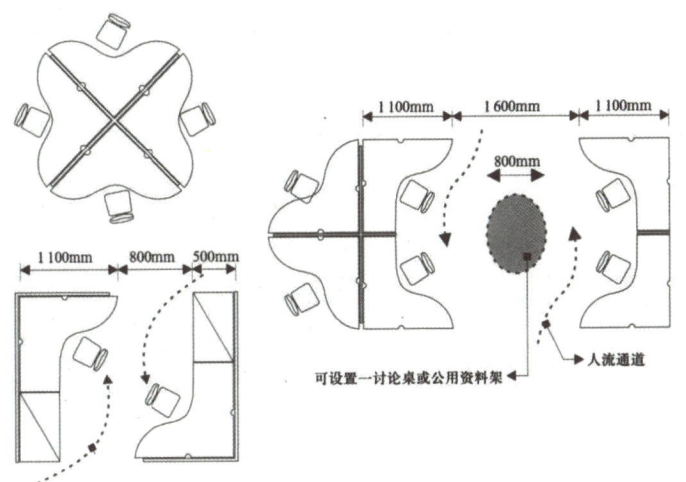

图 2-40 单元组合办公空间家具尺寸 3

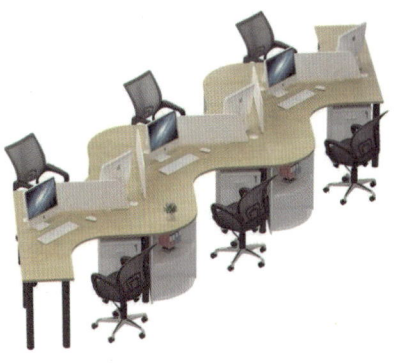

图 2-42 单元组合办公空间家具 1

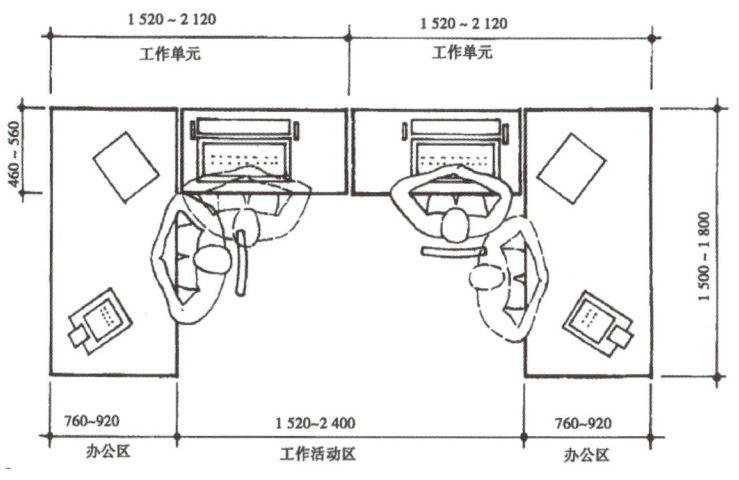

图 2-41 单元组合办公空间家具尺寸 4（单位：mm）

图 2-43 单元组合办公空间家具 2

图 2-44 单元组合办公空间家具 3

3. 办公空间家具选择原则

（1）功能合理，使用舒适。

办公空间家具的选择首先要考虑功能需求，要符合空间的使用功能和人体工程学尺寸规范，同时还应具有舒适、健康、方便的辅助功能。

（2）美观大方，符合环境要求。

办公空间设计的重点就是塑造企业的形象，而办公空间家具作为其重要组成部分，有着重要的作用。办公空间家具不但要美观实用，而且还应与公司业务性质保持一致。

（3）绿色环保，有利健康。

办公空间家具应选择绿色环保的材料，保证材料安全。另外办公空间家具因为使用频率较高，所以要坚固、耐用，易于回收和再利用。

4. 办公空间家具布置的注意事项

在办公空间设计中，人与家具、人与办公环境的尺度关系直接影响工作效率，因此，选择合适的办公空间家具至关重要。

① 低文件柜应便于放置文件，并预留打开抽屉和柜门的空间。低文件柜的尺寸取决于使用者办公椅的尺寸、倾斜度、旋转程度以及使用者的工作习惯，如图2-45所示。

② 高文件柜应便于拿取文件柜上的文件和设施，需要结合人体的手臂伸展尺寸进行设计，如图2-46所示。

③ 圆形办公会议桌在办公空间中用于召开会议或与来访者商谈业务。设计时要考虑坐在椅子上能方便拿放文件档案，在确定工作活动区的尺寸时要满足侧向握手距离。桌子的直径不应小于1200mm，如图2-47所示。

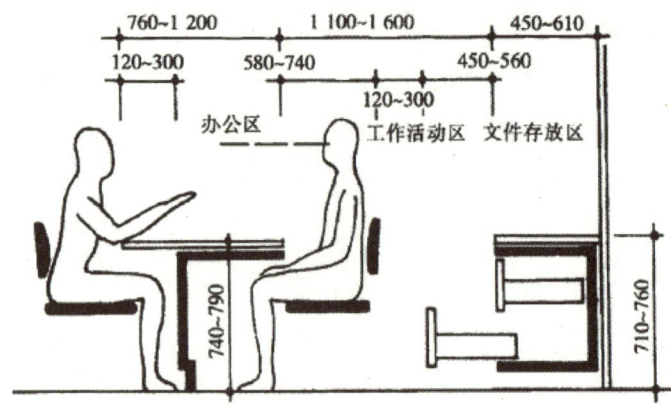

图2-45 低文件柜使用尺寸（单位：mm）

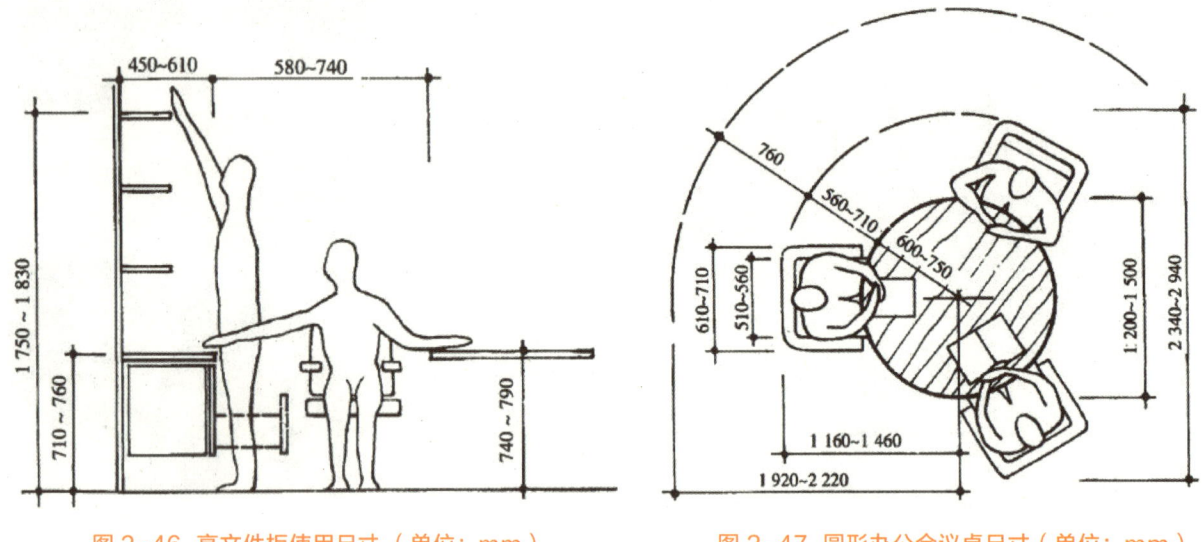

图2-46 高文件柜使用尺寸（单位：mm）　　图2-47 圆形办公会议桌尺寸（单位：mm）

三、学习任务小结

通过本次课程的学习，同学们已经了解了办公空间空间家具的分类和选择方法，掌握了办公空间家具的使用尺寸，懂得了人和办公空间家具之间的尺寸和功能关系。课后同学们要多收集办公空间家具的图片，并测量办公空间家具的尺寸数据，为办公空间家具设计储备素材。

四、课后作业

自建2~3人小组，分工合作，收集办公空间家具的图片和尺寸数据。

学习任务
三
办公空间植物配置

教学目标

（1）专业能力：让学生了解和掌握办公空间植物配置方法。

（2）社会能力：关注植物的特性和养护方法选择。

（3）方法能力：资料整理、归纳能力，空间搭配能力。

学习目标

（1）知识目标：能够识别常见的室内植物，并根据办公空间特点进行植物配置。

（2）技能目标：根据办公空间的使用要求灵活搭配植物。

（3）素质目标：培养团队协作、沟通、表达能力。

教学建议

1. 教师活动

（1）教师收集相关室内植物图片并进行展示与讲解。

（2）教师通分析优秀的室内植物搭配案例，让学生掌握办公空间植物配置的方法和技术要点。

2. 学生活动

（1）强化对植物配置的感性认知，学会欣赏优秀的办公空间植物设计方案，勇于表达自己的想法。

（2）学会识别常见的室内植物及其观赏特性。

一、学习问题导入

随着经济的快速发展，社会的竞争越来越激烈，工作占用了人们大量的时间，为提高工作效率，提升办公空间品质，营造轻松、舒适的办公环境，绿色植物的作用日益突显。绿色植物对于改善办公环境，减缓工作疲劳发挥着重要作用。因此，合理地选择与搭配绿色植物，是办公空间设计的一项重要内容。

二、学习任务讲解

1. 办公空间绿化设计的作用

（1）组织和引导空间。

室内绿化经过适当的组合处理，在组织空间、丰富空间层次方面能起到积极的作用。

① 引导空间。

在办公空间入口处、楼梯底部、交通转折处和走道尽端设置绿化，既可以装饰空间，也可以起到引导和指示的作用，如图 2-48 和图 2-49 所示。

② 限定空间。

室内绿化对于办公空间有一定的限定作用，被限定的各部分空间相对独立又不失整体感，空间的开敞性保持完整，非常适合现代办公空间模式，如图 2-50 所示。

图 2-48　绿化引导空间 1　　　　　　　　　图 2-49　绿化引导空间 2

图 2-50　室内绿化限定空间

③ 沟通空间。

以植物作为室内外空间的联系，将室外植物延伸至室内，使内外空间有机衔接，打破室内空间的局限感，如图 2-51 所示。

④ 填补空间。

在办公空间设计中绿化可以让空间体量更加饱满，根据空间的大小选择合适的植物，不仅可以增添空间的活力和生机，而且可以将室内的一些死角转变为景观，如图 2-52 所示。

（2）净化空气和改善环境。

植物的光合作用和叶片吸热、吸声的功效让它们具有了调节室温、净化空气、减少噪声的作用。办公空间多数较为封闭，一方面可以利用绿色植物调节办公空间的空气质量，另一方面则可以利用绿色植物营造舒适、惬意的自然环境，调节情绪，减轻工作压力。办公空间需要绿色植物这样具有多种功效的"空气净化器"。良好的室内绿化能调节室内温度与湿度，解决办公空间中空气干燥、质量差等一系列问题，有利于人体健康。

植物在进行光合作用时要蒸发水分，因此，它们具有一定的调节室内温度和湿度的功能，使空气更加清新宜人。许多植物能进行光合作用，吸收二氧化碳，释放氧气，具有吸附粉尘和净化空气的作用。此外，植物可以增加室内负离子，并且分泌植物杀菌素，使细菌死亡。一些绿色植物还具有防辐射作用，简单来说是具有吸收电磁辐射的作用，在办公空间中摆放这些植物，可有效减少各种电器、电子产品产生的电磁辐射污染。

图 2-51 绿化沟通空间

图 2-52 绿化填补空间

（3）美化空间、陶冶情操。

将植物引入办公空间，可以丰富空间的色彩和肌理，营造温馨、舒适的办公环境。人们可以在繁忙的工作之余，抬头看看郁郁葱葱、充满生机的植物，让心神得到调整和放松。

（4）提升企业的文化品位和经济效益。

绿化设计能为员工创造一个优美的工作环境，让员工在舒适的办公环境中具有良好的心态，从而提高工作效率和工作质量，给公司带来潜在的、间接的经济效益。绿化设计不仅使员工在办公之余得到身体上的放松和精神上的享受，而且也能给来此商务洽谈的客户留下美好的印象，提升客户对企业的认同感。

2. 办公空间植物的选择

（1）办公空间植物的选择原则。

办公空间植物的选择首先应注意室内的光照条件，这对永久性植物尤为重要。同时，室内的温度和湿度也是选择植物必须考虑的因素。季节性不明显、在室内易于成活是室内植物必须具备的条件。

其次，室内植物的选择要求形态优美，具有一定的装饰效果。要注意植物的地域性，并充分了解植物的特性，避免选用有毒、高耗氧和香气过于浓重的植物。最后根据空间的尺度和装饰风格等来决定植物的品种和色泽。

（2）办公空间植物的主要品种。

① 常年观赏植物：文竹、仙人掌、散尾葵、万年青、绿萝、金钱树、罗汉松、苏铁、棕竹、发财树、吊兰等。

② 春夏季花卉植物：报春花、金盏花、海棠花、茉莉花、长寿花、香石竹、锦葵、龙舌兰、君子兰等。

③ 秋冬季花卉植物：金桔、冬青、天竺葵、菊花、大丽花、虎皮兰等。

办公空间植物品种如图 2-53 ~ 图 2-58 所示。

图 2-53 吊兰　　　　　图 2-54 发财树　　　　　图 2-55 绿萝　　　　　图 2-56 虎皮兰

3. 办公空间植物的配置方法

（1）尺度比例要恰当。

室内植物的尺寸要与室内空间的尺度相协调，充分考虑室内空间的高度和宽度。空间较小的办公空间宜选择尺寸较小的植物；空间较大的办公空间可以选择体量稍大的植物，如图2-59 所示。

图 2-57 文竹　　　　　　　　　图 2-58 君子兰

图 2-59 办公空间绿化

图 2-60 室内植物色彩选择 1

（2）注意植物特征和色彩搭配。

每种植物都具备自身的特性，主要体现在形态、质感、色彩和生长特点上。办公室绿化要充分考虑室内的环境色彩，如墙面、地面和桌、椅、柜的色彩。同时要避免花盆与办公空间家具的色彩相同。学会利用冷暖对比，如果环境是暖色调的，则可以用冷色调花卉植物，这样既协调又有一定的反差对比，也能衬托出花卉植物的美感。另外，还要考虑办公空间的大小和采光度，空间大、采光好的办公空间宜用暖色调花卉植物，反之则宜用冷色调花卉植物。此外，色调也应随着季节的变化而改变，春季宜艳丽，夏季要清凉，秋季宜饱满，冬季要温馨，如图 2-60 和图 2-61 所示。

图 2-61 室内植物色彩选择 2

（3）突出视觉中心。

室内绿化配置应符合室内整体构图的要求，避免因种类过多而带来杂乱无序的感觉。办公空间植物配置一般采用点缀法，即摆在办公空间家具的旁边或办公空间的角落。布置时要做到主次分明，中心突出，要有主景和配景之分。主景可以选择形态优美、色彩绚丽、体形较大的植物，如图 2-62 所示。

4. 办公空间不同区域的绿化设计

（1）入口门厅绿化设计。

入口门厅的植物配置体现着企业的形象和气质，可以运用植物配置来营造稳重踏实、友善体贴或繁华兴盛的氛围。空间宽敞明亮的门厅适合选择绿意盎然且枝干健壮、形态稳重的中大型盆栽或满墙的绿植墙，以表现大家风范。空间较小的门厅适合精致的中小型盆栽，颜色方面适合选择象征招财的黄色系花卉或叶片大而圆润、厚实、浓绿的观叶植物。盆栽植物周边的环境需注意保持整洁，在盆栽上方或左右辅以适当的射灯，更能突显气派，如图 2-63 和图 2-64 所示。

图 2-62 室内植物制造视觉中心

图 2-63　门厅绿化 1　　　　　图 2-64　门厅绿化 2

（2）接待室绿化设计。

接待室绿化设计旨在营造舒适、和谐的氛围，让访客放松心情，适合用中小型盆栽或插花装点，避免喧宾夺主及产生压迫感。在植物色彩方面可以选择柔和的绿色系植物或带彩纹的观叶植物。盆栽宜选角落位置摆放，插花瓶器可摆放在桌面，但不宜过高，避免遮挡洽谈人视线，如图 2-65 所示。

（3）会议室绿化设计。

会议室绿化设计应简洁利落，营造平和的空间氛围。同时要根据会议室空间大小和用品摆设位置决定盆栽尺寸与数量。在色彩选择上可以选择绿色宽叶植物。绿色系植物可以提高人们的思考能力，减缓参会时的疲惫感，常见的有棕竹、绿萝等。还可以根据会议性质选购插花植物，如鹤望兰、蝴蝶兰、唐菖蒲等，如图 2-66 和图 2-67 所示。

图 2-65　接待室绿化

图 2-66　会议室绿化 1

图 2-67　会议室绿化 2

（4）茶水休憩区绿化设计。

　茶水休憩区主要功能包括泡茶、冲咖啡或工作之余小憩。虽然活动时间短暂，但对员工心情的调适有极大帮助。其植物选择应视空间大小而定，大型的休憩空间或员工餐厅可摆设大型盆栽，营造出绿色森林的气氛。小空间如吧台或茶水间可选择单纯、可爱的小盆栽。植物色彩选择上可以选择清爽翠绿的植物，如图2-68所示。

（5）员工办公区绿化设计。

　员工办公区可以通过配置植物来改善办公环境，在主要走道上排放整列盆栽发挥引导动线的功能。选择植物时尽量选择叶片颜色与隔断颜色对比明显的植物。隔断颜色是浅灰、浅蓝色则可选择株高适中的竹芋、白掌、万年青、一品红、变叶木等深色或亮色的植物，在色彩上与隔断形成对比，同时吸引来访者视线，起到引导路线、净化空气、改善办公环境的作用。员工办公桌和活动区之间，可选择使员工视觉舒服、心情愉快的植物。玲珑小巧且耐干燥的盆栽较为适宜，如绿萝、仙人球等，以免因经常浇水而污损桌面，如图2-69所示。

图 2-68　员工餐厅绿化

图 2-69　员工办公区绿化

三、学习任务小结

　通过本次课程的学习，同学们已经了解了室内绿色植物的主要种类和特征，再通过展示与分析大量办公空间植物配置案例，了解植物配置对办公空间设计的作用与意义，掌握办公空间绿化设计的方法与技巧。课后，同学们可以收集更多优秀的办公空间植物配置案例，整理好常见的室内植物图集，为以后专业学习及设计积累相关素材。

四、课后作业

（1）收集10个办公空间植物配置优秀案例。

（2）为教师办公室进行绿化设计。

办公空间界面设计

教学目标

（1）专业能力：了解办公空间界面的设计要求，掌握办公空间各界面的设计方法。

（2）社会能力：关注办公空间界面设计的案例，归纳其设计方法。

（3）方法能力：信息和资料收集能力，资料整理、归纳、总结、提炼及应用能力。

学习目标

（1）知识目标：掌握办公空间各界面的设计方法。

（2）技能目标：能够根据办公空间的需求进行界面设计。

（3）素质目标：能够大胆、清晰地表述自己的设计思路，具备团队协作能力和一定的语言表达能力。

教学建议

1. 教师活动

教师运用多媒体课件、教学视频等多种教学手段讲解和分析办公空间界面设计的方法和技巧。

2. 学生活动

了解办公空间界面设计的方法，能表述办公空间设计案例中界面设计的优缺点。

一、学习问题导入

室内界面，即围合室内空间的底面、立面和顶面。对于室内界面的设计，既有功能和技术方面的要求，也有造型和美观上的要求。由材料实体构成的界面，在设计时需重点考虑造型、色彩、材质和构造四个方面。本次课程我们一起来学习办公空间的界面设计。

二、学习任务讲解

1. 办公空间各界面的设计要求

（1）耐久性及使用期限。要尽量使用经久耐用的材料，同时要考虑其使用期限。

（2）阻燃及防火性能。要尽量使用阻燃或难燃性材料，避免使用燃烧时释放大量浓烟和有毒气体的材料。

（3）无毒。即散发的气体及触摸时有害物质的含量低于核定剂量。

（4）易于制作、安装，便于更新换代。

（5）具有必要的隔热、保温和隔声、吸声性能。

（6）造型美观、大方，色彩搭配合理，照明明亮、有层次，装饰效果美观。

（7）经济实用，易清洁和保养。

2. 办公空间顶棚设计

顶棚是室内空间中较为整体和概括的界面，主要体现各功能区域吊顶的造型和灯光的照明设计。顶棚的主要作用是遮蔽建筑梁结构，以及各种线路和管道，同时尽量提升地面至天花顶面的空间高度，以减轻空间的压抑感。顶棚材料要质轻，光反射要高，还要注重吸声、保暖、隔热等功能。办公空间顶棚的造型设计宜简洁，整体感强，满足基本的布光要求，照度要高，多使用日光灯，局部配合使用筒灯和暗藏光带。

（1）顶棚的类型。

① 平面式顶棚。

平面式顶棚（吊顶）是指表面没有任何造型和层次，通常为一个较大的平面。这种顶棚利落大方，整体感强，适用于较小的办公空间。它常用各种类型的板材作底，表面喷涂油漆，如图 2-70 所示。

图 2-70 平面式顶棚

图 2-71 藻井式顶棚

② 藻井式顶棚。

藻井式顶棚的室内空间必须有一定的高度，一般不低于 2.8m，且空间越大效果越好。其样式是在顶棚的四周进行局部吊顶，可设计成一层或多层级的阶梯形状，在低一层的高差处常采用暗藏灯槽和光带，让顶棚层次感丰富，如图 2-71 所示。

③ 悬吊式顶棚。

悬吊式顶棚是将各种板材、金属或装饰艺术品悬挂在顶棚上的形式。这种形式富有现代感，层次感也较强。常用于办公空间中需要突出强调的空间，如门厅、展览厅、休闲区等。悬吊式顶棚可以利用各种灯光照射制造出光影的趣味，如图 2-72 和图 2-73 所示。

图 2-72 悬吊式顶棚 1

图 2-73 悬吊式顶棚 2

④ 网格式顶棚。

网格式顶棚是利用井字梁因形利导或为顶棚的造型专门制作的假格梁的一种吊顶形式。其配合灯具以及单层或多种线条展现丰富的造型，实现空间的分区和造型的变化，如图 2-74 和图 2-75 所示。

⑤ 玻璃和拉膜式顶棚。

玻璃和拉膜式顶棚是利用透明、半透明的玻璃或塑料拉膜制作而成的顶棚。其优点是采光较好，造型丰富，给人以明亮、清新的感觉，如图 2-76 和 2-77 所示。

⑥ 异形式顶棚。

异形式顶棚是指通过变异的造型来设计顶棚的方式，其造型丰富，动感较强，极具特色，装饰效果极佳，如图 2-78 所示。

图 2-74 网格式顶棚 1

图 2-75 网格式顶棚 2

图 2-76 玻璃和拉膜式顶棚 1

图 2-77 玻璃和拉膜式顶棚 2

图 2-78 异形式顶棚

（2）顶棚设计注意事项。

① 办公空间顶棚上安装的设施设备种类复杂，安装方式各异。照明设备通常采用暗装、半暗装、明装的形式。空调风口设施有各种类型的送风口、回风口和风机盘管，消防设施有烟感报警器、消防喷淋器、吸顶式紧急照明系统、紧急广播系统、吸顶式机械排烟口、防烟分区垂幕等。

② 办公空间顶棚的设计原则是各种设施的布局排列规范整齐，风口形式和色彩选择应同整体风格一致，顶棚的高度要协调好空调、照明设备之间的关系，顶棚的材料应采用便于拆装、模数化的装饰材料。同时根据办公空间功能不同要考虑降噪要求，设置局部吸声材料，满足办公空间室内声环境的要求。

3. 办公空间立面设计

办公空间立面是人的视线重点关注的界面，与人的关系也更加直接。办公空间立面设计必须在统一的风格下进行，这是办公空间设计最基本的原则。立面设计时要有主次之分，体现视觉中心。

（1）立面的造型设计。

立面造型是点、线、面的有机组合，不同的造型可以塑造出不同的效果。造型也会使人产生联想，如圆形给人以柔和感，方形给人以稳定感，不规则几何造型的拼合造成视觉上的复杂、丰富感，动感的曲线、曲面造型让人感觉轻松、柔美，充满韵律感。办公空间的立面造型要结合企业的定位和品牌形象来进行设计，例如：严谨、庄重的机关事业单位办公室造型稳重、方正，营造出庄严、大方的视觉效果；创新性企业办公空间则可以大胆地采用异形、曲线形或几何形组合，表现出锐意进取、开拓创新的企业愿景。另外，立面造型还可以采用对称、同构、形状变化等手法进行设计，如图2-79～图2-81所示。

图 2-79 办公空间立面造型设计 1

图 2-80 办公空间立面造型设计 2　　　图 2-81 办公空间立面造型设计 3

（2）立面的质感和纹理设计。

立面的质感设计是指对立面的装饰材料进行的设计。立面装饰材料可分为天然材料和人工材料。不同的材料给人不同的心理感受，大理石、镜面、金属这类光亮的材质让人感觉精致、时尚；木饰面、墙纸、硬包这类柔软的材质让人感觉柔和、温馨；木、竹、麻、藤等天然材料让人感觉自然、舒适。在办公空间设计中运用不同装饰材料可以让立面的视觉效果更加丰富。立面的纹理图案设计是立面装饰设计的方法之一，可以用来烘托室内气氛，表达思想和主题。无论是动态的纹理，还是静态的纹理，都可以通过自身的深浅、大小、色彩和肌理改变空间效果，如图 2-82 ~图 2-85 所示。

图 2-82 办公空间立面质感设计 1

图 2-83 办公空间立面质感设计 2

图 2-84 办公空间立面质感设计 3

图 2-85 办公空间立面纹理设计

4. 办公空间地面设计

地面在办公空间中既承受荷载，也具有划分区域、引导交通的功能，因此地面的设计不仅要美观，而且还要坚固耐用，常用材料包括抛光砖、复合木地板。办公空间人流量较大，地面首先要防滑、耐磨，其次要考虑易清洁、防潮、防水、防静电等要求，并且与整个空间装饰风格融为一体。最后，地面因为面积较大，所以尽量采用色彩纯度较低的材料，如图 2-86 ~图 2-88 所示。

图 2-86 办公空间地面设计 1

图 2-87 办公空间地面设计 2

图 2-88 办公空间地面设计 3

三、学习任务小结

通过本次课程的学习，同学们已经初步了解了办公空间顶棚、立面和地面三大界面的设计要求、设计方法和设计规范。通过办公空间界面设计案例的展示与分析，同学们开阔了自己的设计思路，积累了设计经验。课后同学们要结合本次任务学习的内容查阅相关书籍以及公众号，收集更多的办公空间界面设计案例，提升对界面设计的直观认识。

四、课后作业

收集 2 套完整的办公空间设计方案，并制作一份 PPT 进行展示，重点讲解界面设计的特色。

办公空间照明设计

教学目标

（1）专业能力：了解办公空间照明设计的特点、参数设置和灯具选择，掌握办公空间照明设计的方法。

（2）社会能力：结合客户需求进行办公空间照明设计与灯具配置。

（3）方法能力：欣赏和品评办公空间照明设计案例，提高照明和灯光设计能力。

学习目标

（1）知识目标：了解办公空间照明设计原则与功能要求。

（2）技能目标：掌握办公空间照明设计的方法。

（3）素质目标：通过鉴赏优秀的办公空间照明设计案例，提升照明设计与配置能力。

教学建议

1. 教师活动

（1）教师前期收集优秀办公空间照明设计作品并进行展示和讲解，让学生感受优秀的办公空间照明带来的视觉效果，进而了解办公空间灯光搭配的方法。

（2）通过教师的讲解和分析，帮助学生从感性认识上升到理性认识，逐渐掌握办公空间照明设计与灯光搭配技巧。

2. 学生活动

（1）认真领会和学习办公空间照明设计原则和功能要求。

（2）对办公空间进行正确的照明设计。

一、学习问题导入

办公空间是人们工作、学习和处理公务的场所，营造舒适、美观、人性化的办公空间环境离不开合理的照明设计，办公空间照明设计除了满足空间本身所需的照度外，更重要的是可以极大地丰富和美化办公空间的装饰效果，营造温馨、舒适的光环境，达到缓解疲劳、提高工作效率的目的。

二、学习任务讲解

1.办公空间照明设计的特点

（1）办公空间大多位于建筑内部，受到楼板和隔墙的制约，局部区域会存在自然采光不足的问题。现代办公空间是由多种视觉作业所组成的工作环境，阅读、起草文件，操作计算机等办公设备，都需要舒适的、相对无眩光、有效的照明条件。因此，采用自然光与人造光相结合的方式是办公空间照明设计的主要特点。

（2）办公空间照明设计的首要任务，是在工作场所或工作区域内创造一个适合进行视觉工作的光环境。其照明设计要从控制眩光、选择光源、灯具布置和控制、照明配电设计等几个方面进行综合设计，基本原则是保证足够的亮度和照度。

（3）办公空间照明设计要根据不同区域的功能需求进行，例如员工办公区要明亮，独立的管理办公室要宁静、柔和，如图 2-89 和图 2-90 所示。

图 2-89 办公空间照明设计 1　　　　　　　　　　图 2-90 办公空间照明设计 2

2.办公空间照明的基本参数及要求

照度即光照度，是照明的基本参数，其计量单位的名称为"勒克斯"，简称"勒"，单位符号为"lx"，表示被摄主体表面单位面积上受到的光通量。1 勒克斯等于 1 流明 / 平方米，即被摄主体每平方米的面积上，受距离 1 米、发光强度为 1 坎德拉的光源，垂直照射的光通量。光照度是衡量光环境的一个重要指标。

各个国家办公室照度值水平存在差异，英国照明工程学会关于办公室照明的照度推荐值是 500 ~ 750lx，日本办公楼照明的照度标准是 500 ~ 1500lx。根据我国《建筑照明设计标准》的规定，走廊、衣帽间、盥洗室、储藏室照度值为 50 ~ 100lx；楼梯、自动扶梯照度值为 150 ~ 200lx；档案室照度值为 200 ~ 300lx；会议室、主管办公室、计算机房照度值为 500 ~ 600lx；大进深的开放式员工办公室照度值为 650 ~ 750lx；绘图室照度值为 900 ~ 1000lx。

3.光源要素

光源要素包括显色性、色温、眩光和光束角。

（1）显色性。

光源对物体颜色呈现的程度称为显色性，通常用显色指数（Ra）来表示光源的显色性，也就是颜色的逼真程度。显色性高的光源对颜色的再现较好，我们所看到的颜色也就较接近自然原色，显色性低的光源对颜色的再现较差，我们所看到的颜色偏差也较大。光源的显色指数越高，其显色性能越好，如图2-91所示。

图 2-91 显色性指数参考图

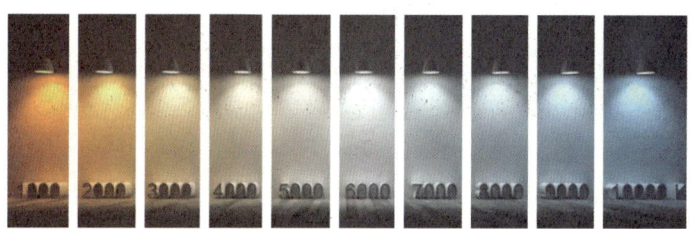

图 2-92 色温对比图

图 2-93 色温参数观感

（3）眩光。

眩光虽然不是灯光的基本参数，却是照明灯光设计的重要考虑因素。眩光是一种会干扰视觉的强光，老年人比年轻人对眩光更敏感。不舒适的眩光会使人感到身体不适甚至痛苦。眩光受整个视野亮度环境的影响，如图2-94所示，在视野内的明亮光源直接造成的眩光称为直接眩光，由于平滑或抛光表面反射光源造成的眩光称为间接眩光。防止眩光可以从调整照射角度、控制照射面积和控制照度等方面进行设计，如图2-95所示。

（2）色温。

色温是表示光线中包含颜色成分的一个计量单位。从理论上说，黑体温度指绝对黑体从绝对零度（-273℃）开始加温后所呈现的颜色。黑体在受热后，逐渐由黑变红，转黄，发白，最后发出蓝色光。例如100W灯泡发出的光的颜色，与绝对黑体在2527℃时的颜色相同，那么这只灯泡发出的光的色温就是：（2527+273）K=2800K。在黑体辐射中，随着温度不同，光的颜色各不相同，黑体呈现由红—橙红—黄—黄白—白—蓝白的渐变过程。"黑体"的温度越高，光谱中蓝色的成分越多，而红色的成分越少。例如白炽灯的光色是暖白色，其色温表示为2700K，而日光色荧光灯的色温表示为6000K。按照现行的照度标准，通常办公照明会选择4000K左右色温，如图2-92和图2-93所示。

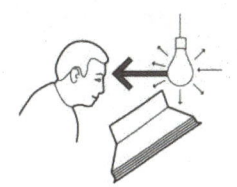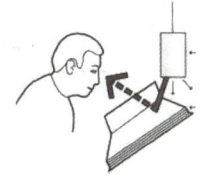

图 2-94 直接眩光和间接眩光对人眼的影响

图 2-95 眩光的防治在办公空间设计中的应用

（4）光束角。

光束角是指光源或灯具发出光束的角度，也就是光在一定强度范围边界内所形成的夹角。光束角在被照面上直观的体现是光斑和照度。在其他条件相同的情况下，光束角越大，中心光强越小，光斑越大，照度越小；反之则全部相反。灯具光束角反映在被照目标上就是光斑和亮度大小。同样的光源若应用在不同角度的反射器中，光束角越大，中心光强越小，散射出来的光斑也越大；反之则全部相反，如图2-96所示。

4. 办公空间照明灯具

（1）LED灯。

LED灯具是目前办公空间常用的照明灯具。LED灯的优点是高效、节能、体积小、便于隐藏、快速启动、光源寿命长、方便调光、维护成本低。另外LED灯还具有彩色光的功能，可以增添办公空间休闲区域的装饰美感，如图2-97和图2-98所示。

（2）筒灯。

筒灯是一种嵌入天花板内光线下射式的照明灯具。其特点是光线具有聚焦效果，适合重点照明。筒灯一般通过透明的亚克力片来遮挡直射的光线，形成柔和的漫反射效果。筒灯照射形成光束，大的光束可以均匀地照射在面积较大的物体上，小的光束可以聚积光线形成强烈的聚光效果，如图2-99和图2-100所示。

（3）轨道射灯。

轨道射灯是安装在一个可以滑动的轨道上面的直射灯具，可以任意调节照射角度和照射区域，也可以根据光照需求自由地进行光源增减。常用于办公空间中需要重点照明的地方，如前台形象墙、展示厅等，如图2-101和图2-102所示。

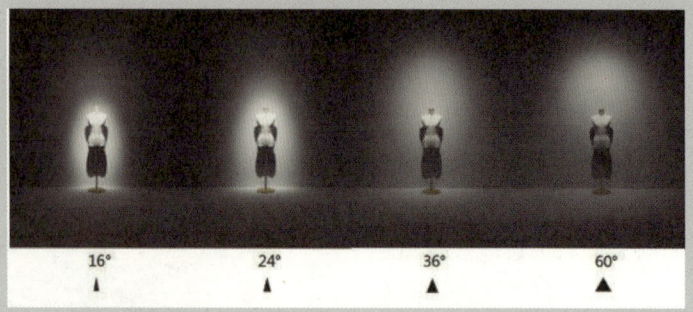

图 2-96 光束角照射实验

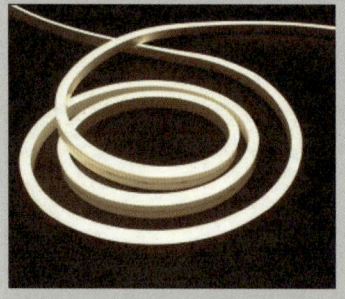
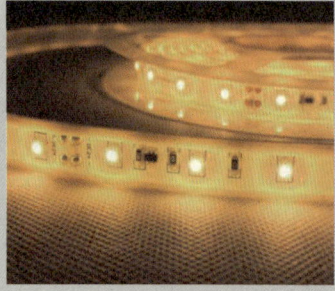

图 2-97 LED 灯

图 2-98 LED 灯在办公空间照明设计中的应用

图 2-99 筒灯样式

图 2-100 筒灯在办公空间照明设计中的应用

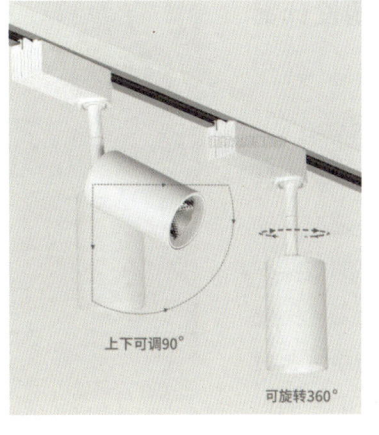

上下可调90°

可旋转360°

图 2-101 轨道射灯

图 2-102 轨道射灯在办公空间照明设计的应用

（4）线形灯。

线形灯是指外形呈线形的灯具，分为软灯条和硬灯条两种，有防水、灌胶、套管、裸板之分。软灯条线形灯是一种高端的柔性装饰灯，其特点是耗电量低、寿命长、亮度高、易弯曲。硬灯条线形灯外壳采用铝合金制成，线条硬朗、结构坚固、耐腐蚀、安装便捷，如图 2-103 ~ 图 2-105 所示。

图 2-103 硬灯条线形灯

图 2-104 软灯条线形灯

5.办公空间照明设计案例分析

（1）前台的照明设计。

前台是展示企业形象的区域，在照明设计时要保证充足的照度，形成光鲜、明亮的效果，显示出企业的生机与活力。另外照明方式需多样化，用照明整合各种装饰元素，让企业前台的形象更加具有生命力，如图2-106和图2-107所示。

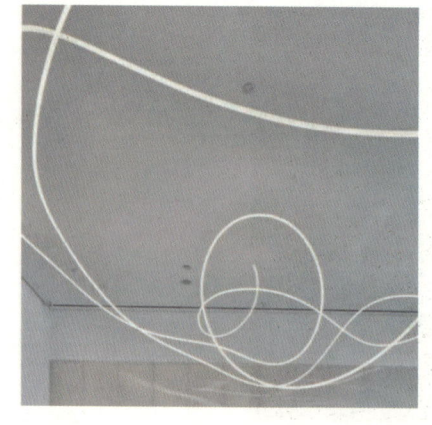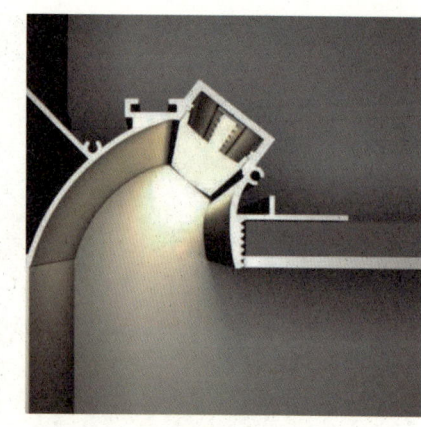

图 2-105　线形灯的安装方式和呈现效果

（2）开放式员工办公区的照明设计。

开放式员工办公室在办公空间中所占比重较大，涵盖企业的各个职能部门，在照明设计上应结合各办公区域的工作特点进行针对性的设计。通常采用统一间距的灯具布置方法，保证大面积区域的灯光照度，再辅以局部重点照明，营造空间氛围。工作台区域常采用格栅灯盘，让工作空间光线均匀，减少眩光。公共通道区域常采用节能筒灯照明，保证通道的基本照明需求，如图1-108所示。

（3）会议室照明设计。

会议室照明设计要以会议桌上方的照明为主，让人能高度集中注意力。照度要合适，周围加设辅助照明，如图2-109所示。

（4）独立办公室照明设计。

独立办公室是一个私密性较强的空间，可以根据办公家具的布置进行照明设计。办公桌区域的照明照度要高，显得光鲜、明亮，形成视觉中心。会谈区的照明设计要柔和，营造轻松、舒适的氛围，如图2-110和图2-111所示。

图 2-106　前台区照明设计 1

（5）公共通道区域照明设计。

公共通道区域的照明设计要满足基本的照度要求，并能够灵活控制。灯具选择以筒灯为主，结合使用暗藏灯带，如图2-112所示。

（6）洗手间照明设计。

洗手间的照明设计要在保证基本照度的前提下，让空间有舒适和温馨的氛围感。洗手间大多采用低彩度、高明度的组合灯具来衬托明快的效果，灯光不必过于充足，只要有几处重点即可，如图2-113所示。

图 2-107 前台区照明设计 2

图 2-108 开放式员工办公区照明设计

图 2-109 会议室照明设计

图 2-110 独立办公室照明设计 1

图 2-111 独立办公室照明设计 2

图 2-113　洗手间照明设计

图 2-112 公共通道区域照明设计

三、学习任务小结

　　同学们通过本次课程的学习基本了解了办公空间照明设计的方法，以及办公空间各区域的照明设计要求，掌握了主要的办公照明灯具的种类和性能。通过办公空间照明设计案例的展示与分析，了解办公空间灯光搭配的基本方法和技巧。课后，同学们要继续收集更多优秀的办公空间照明设计方案，积累照明设计素材和经验。

四、课后作业

　　（1）分组制作办公空间灯光设计分析 PPT，并进行展示和讲演。

　　（2）每位同学收集 5 个完整的办公室照明设计案例，形成自己的资料库。

项目三
办公空间设计原理

学习任务一　企业文化与办公空间设计
学习任务二　人体工程学与办公空间设计
学习任务三　办公空间色彩设计

学习任务 一

企业文化与办公空间设计

教学目标

（1）专业能力：运用设计手法将企业文化融入办公空间之中。

（2）社会能力：准确提炼企业文化的内涵。

（3）方法能力：培养学生资料整合能力、设计思维能力和设计创新能力。

学习目标

（1）知识目标：掌握企业文化在办公空间设计中体现的方法。

（2）技能目标：提炼办公空间设计的企业文化。

（3）素质目标：通过品评优秀的办公空间设计案例，提升对企业文化的敏感度。

教学建议

1. 教师活动

（1）教师课前收集重点突出企业文化的办公空间设计作品进行展示和讲解，让学生感受作品与企业文化的联系，并进行分析讲解。同时，运用多媒体课件和教学视频等多种教学手段，进行知识点讲授和作品赏析。

（2）通过教师分析和讲解，帮助学生逐渐理解本次学习任务的要点。

2. 学生活动

（1）认真领会和学习企业文化和办公空间设计的联系。

（2）提升办公空间设计的创新能力和实践动手能力。

一、学习问题导入

在进行办公空间设计前，需要对企业文化进行分析和解读。企业文化的解析对于办公空间设计具有重要的指导作用，可以提升办公空间设计的内涵。企业文化具体内容可分为观念层、制度行为层、符号器物层三个层面。下面我们一起来深入学习本次学习任务的要点。

二、学习任务讲解

1. 企业文化

企业文化是在一定的条件下，企业生产经营和管理活动中所创造的具有该企业特色的精神财富和物质形态，它包括企业愿景、文化观念、价值观念、企业精神、行为准则、历史传统、企业制度、企业产品等，其中价值观是企业文化的核心。价值观不是泛指企业管理中的各种文化现象，而是企业或企业中的员工在从事经营活动中所秉持的价值观念。企业文化是企业生存、竞争和发展的灵魂，优秀的企业都非常重视建立和打造自己的企业文化。

办公空间设计必须体现企业的文化，设计师要把企业文化很好地融入办公空间设计之中。对企业文化的提炼和解析是将企业文化融合到办公空间设计中的前提，如图 3-1 所示。

图 3-1 办公空间企业文化符号提炼

企业文化由三个层次构成。其一是表面层的物质文化，称为企业的"硬文化"，包括企业的办公和生产环境、机械设备等硬件条件，以及企业生产的产品造型、外观、质量等。其二是中间层次的制度文化，包括组织架构、人际关系以及各项规章制度和纪律等。其三是核心层的精神文化，称为"企业软文化"，包括各种行为规范、价值观念、企业的群体意识、职工素质和优良传统等，是企业文化的核心，被称为企业精神。企业办公空间作为展示企业文化的重要场所，需要提炼和浓缩企业文化，并在有限的空间内全方位地展现企业文化，如图 3-2 所示。

图 3-2 办公空间中企业文化的展现

企业文化具有鲜明的个性和特色，具有相对独立性，每个企业都有其独特的文化淀积，这是由企业的生产经营管理特色、企业传统、企业目标、企业员工素质以及内外环境不同所决定的。

2. 企业文化与办公空间设计

（1）企业文化在办公空间中的作用。

① 约束作用。约束力是企业对员工行为的一种要求，这种要求以不违反企业相关规定为原则。同时员工自觉规范自己的言行，展现出良好的素质和企业形象。

② 引导作用。企业可以运用企业文化来引导员工朝着企业的目标而努力工作。

③ 凝聚作用。员工以企业为荣，形成凝聚效应。

④ 激励作用。企业文化往往会运用精神理念号召员工努力工作。

⑤ 辐射作用。企业希望自身文化能够通过各种信息渠道传递给社会，以实现企业文化的广告效应，如图3-3所示。

图 3-3 办公空间中企业文化的融入

（2）营造具有浓厚企业文化的办公环境。

人在不同环境中会产生不同的心理感受，显著的企业文化标识和符号可以强化员工对企业的认同感，例如：将企业的LOGO或字母简写放大作为背景，可以突显企业的品牌；在办公空间中设置绿化，可以美化办公环境，减轻员工工作的疲劳感，营造舒适、优雅的空间氛围，如图3-4所示。

图 3-4 具有浓厚企业文化的办公环境

办公空间的环境设计还可以体现企业的精神文化，如企业的价值观、典型人物、优秀业绩、社会影响力等，办公空间作为现代企业文化的载体，是企业向客户及合作伙伴展示自身实力和文化的平台。办公空间设计需要设计师深刻体验企业文化，并将这种体验转化为造型、色彩和文化符号。

3. 办公空间企业文化设计案例分析

（1）此案例是阿迪达斯时尚运动品牌位于英国伦敦的办公室，其设计关键词是运动、adidas的品牌DNA、开放协作、可持续发展和工业风，如图3-5所示。

阿迪达斯希望办公室能摆脱之前单调的办公环境，将多个设计团队都聚集在同一屋檐下，创建交流互通、开放包容的空间形象，如图3-6所示。

开放性的工作场所设计让公司的设计团队可以进行广泛的交流与沟通，打破各个技术部分之间的壁垒，展现良好的企业文化，如图3-7所示。

图 3-5 adidas 办公空间设计 1

图 3-6 adidas 办公空间设计 2

图 3-7 adidas 办公空间设计 3

办公室规划有具备私密性的会议室和半开放的协作空间，还设置了休闲娱乐区、水吧区、流行趋势分析室和成果展示室。这些特殊的功能空间有助于 adidas 跟踪最新流行趋势，并可以在此举办一系列交流、分享活动，如图 3-8 和图 3-9 所示。

（2）此案例是美国国家篮球协会（NBA）设于墨西哥城的办公室，营造了一种充满活力和趣味的空间形象。无论是每天在此工作的员工还是到访的客户，都能感受到图形和符号带来的强烈的视觉冲击，如图 3-10 所示。

空间层高较高，减轻了空间的压抑感，巨大的落地窗让视野更加开阔。室内色彩以 NBA 品牌中的红色、蓝色和黑色为主色调，结合具有工业风质感的材料，如冲孔金属板、裸露的金属设备管道、LVT 混凝土地板和 PVC 地板，唤起人们对篮球最初始的记忆，如图 3-11 所示。

整个办公空间采用开敞式设计，减少了实体分割，大量采用透明玻璃隔断，让空间更加开放、舒展，体现出自由、活泼的空间气氛，如图 3-12 所示。

员工办公区布局紧凑，交通动线清晰，地面的格子装饰让空间更加活泼。落地玻璃的设置，将室外景观引入室内，让空间更加开阔，如图 3-13 所示。

图 3-8 adidas 办公空间设计 4

图 3-9 adidas 办公空间设计 5

图 3-10 美国国家篮球协会办公室设计 1

图 3-11　美国国家篮球协会办公室设计 2　　　　　图 3-12　美国国家篮球协会办公室设计 3

图 3-13　美国国家篮球协会办公室设计 4

三、学习任务小结

通过本次课程的学习，同学们初步了解了企业文化和办公空间设计的关系。通过体现企业文化的办公空间设计案例的分析与讲解，开拓了设计的视野，提升了对企业文化和办公空间设计联系的深层次认识。课后大家要多收集相关的设计案例，分析其设计要点，借鉴其设计手法，为今后的办公空间设计打下良好基础。

四、课后作业

（1）每位同学收集 5 个融入了企业文化的办公空间设计案例，并制作成 PPT 进行展示和讲解。

（2）每位同学收集 10 个完整的办公室设计案例，形成自己的资料库。

学习任务 二

人体工程学与办公空间设计

教学目标

（1）专业能力：了解办公空间设计尺寸要求，掌握办公空间设计的尺寸规范。

（2）社会能力：了解用户的空间需求，进行办公空间平面规划和尺寸优化设计。

（3）方法能力：培养学生设计思维能力和设计创新能力。

学习目标

（1）知识目标：结合用户的空间需求和人体工程学知识，进行办公空间平面规划和造型设计。

（2）技能目标：严格按照办公空间设计尺寸规范进行空间布局和造型设计。

（3）素质目标：培养严谨、细致的学习习惯，提高设计创新能力。

教学建议

1. 教师活动

（1）教师通过分析和讲解办公空间设计尺寸规范和人体工程学知识，让学生了解办公空间尺寸设计要求。

（2）通过教师的操作和讲解，让学生结合办公空间尺寸规范和人体工程学知识进行办公空间平面规划。

2. 学生活动

（1）认真领会和学习人体工程学和办公空间尺寸设计的联系。

（2）能创新性地进行办公空间尺寸测量和规划设计。

一、学习问题导入

在办公空间设计中首先需要进行平面规划，平面规划必须结合现场尺寸和功能分区，在满足人体工程学标准的前提下进行合理设计。人体工程学也称人机工程学或人类工效学，主要探讨人们劳动、工作效果、效能的规律性，研究人和机器及环境的相互作用，以及在工作和家庭生活中怎样统一考虑工作效率、人的健康、安全和舒适等问题的学科。办公空间设计的原则是"以人为本"，最大的目标是营造舒适、方便、安全、高效的工作环境。因此，人体工程学对办公空间设计具有重要的指导作用。

二、学习任务讲解

1. 办公室空间常用尺寸参考

（1）办公桌：长 1200～1600mm，宽 500～650mm，高 700～760mm；

（2）办公椅：高 400～450mm，长和宽 430～450mm；

（3）单人休闲沙发：宽 600～800mm，座高 350～400mm，靠背高 800～1000mm；

（4）茶几：前置型 900mm×400mm×400mm，中央型 900mm×900mm×400mm，左右型 600×600×400mm；

（5）文件柜：高 1800～2000mm，宽 1000～1300mm，深 350～450mm；

（6）低隔断屏风：高 1000～1200mm；

（7）高隔断屏风：高 1600～1800mm；

（8）前台接待台：高 700～800mm，宽 600～700mm；

（9）门洞：宽 ≥ 1000mm，高 ≥ 2100mm；　　　（13）双边四人走道：宽 2800～3000mm；

（10）单边双人走道：宽 1500～1600mm；　　　（14）踢脚线：高 80～200mm；

（11）双边双人走道：宽 1800～2000mm；　　　（15）墙裙：高 700～800mm；

（12）双边三人走道：宽 2100～2300mm；　　　（16）挂镜线：高 1600～1800mm。

国家标准办公室常用面积定额如表 3-1 所示。

表 3-1 国家标准办公室常用面积定额

室别	面积定额 / ㎡	附注
一般办公室	3.5	不含走道
高级办公室	6.5	不含走道
接待室	0.8	无会议桌
	1.8	有会议桌
设计绘图室	5.0	
研究工作室	4.0	
打字室	6.5	按每个打字机计算（包括校对）
文印室	7.5	装订、贮存
档案室		按性质考虑
会议室		20～40 ㎡
计算机房		根据机型及工艺要求确定
电传室		10 ㎡
厕所		男：每 40 人设大便器一个，每 30 人设小便器一个
		女：每 20 人设大便器一个，每 40 人设洗手台一个

办公室工作岗位办公空间面积需求如表3-2所示。

表3-2 办公室工作岗位办公空间面积需求

办公空间类型	使用者	办公面积指标 / m²	办公桌尺寸 /m
独立办公空间	高级行政领导合伙人	20 ~ 30	长（1.8 ~ 2.0）× 宽（0.8 ~ 1.0）
	部门经理	15 ~ 20	长（1.6 ~ 1.8）× 宽（0.8 ~ 1.0）
	项目经理	10 ~ 15	长（1.6 ~ 1.8）× 宽（0.8 ~ 1.0）
小组办公空间	从职人员	3 ~ 12	长（1.6 ~ 1.8）× 宽（0.3 ~ 1.0）
大组办公空间	从职人员	8 ~ 10	长（1.6 ~ 1.8）× 宽（0.8 ~ 1.0）
开放办公空间	从职人员	8 ~ 10	长（1.6 ~ 1.8）× 宽（0.8 ~ 1.0）
	秘书、打字员、管理员	5 ~ 9	长（1.2 ~ 1.0）× 宽（0.6 ~ 0.8）
	财务	7 ~ 9	长（1.2 ~ 1.0）× 宽（0.6 ~ 0.8）
成组空间	商务	5 ~ 10	长（1.5 ~ 1.8）× 宽（1.0 ~ 1.1）
接待会议空间	所有成员	1.5 ~ 2/人	长（1.5 ~ 1.8）× 宽（1.0 ~ 1.1）

2. 办公家具与人体尺寸的关系

办公空间设计首先要准确把握办公家具尺寸与人体尺寸的关系，保证足够的活动空间，营造宜人的工作环境，使办公人员在长时间的工作中保持良好的工作状态，减少职业病的产生。

（1）基本工作单元家具与人体尺寸关系，如图3-14 ~ 图3-18所示。

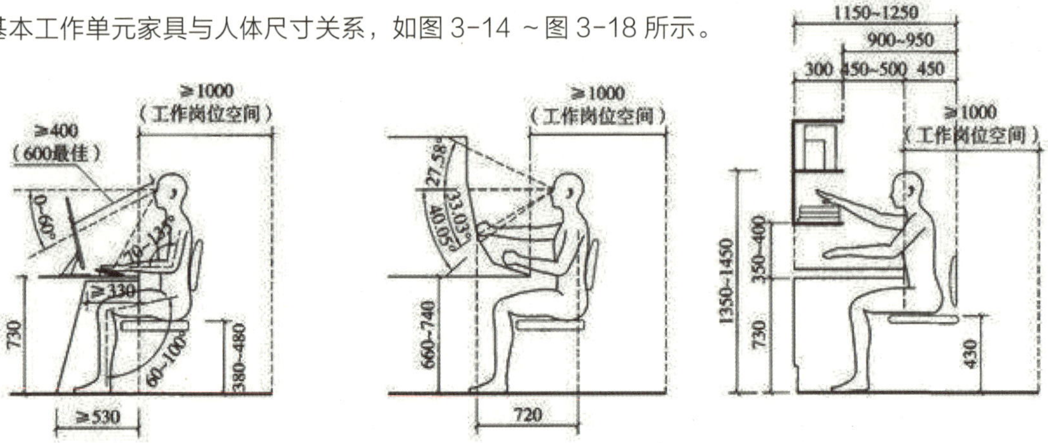

图 3-14 不同工作台与人体尺寸关系

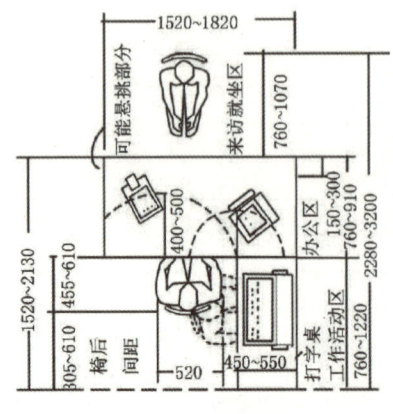

图 3-15 L 形工作单元

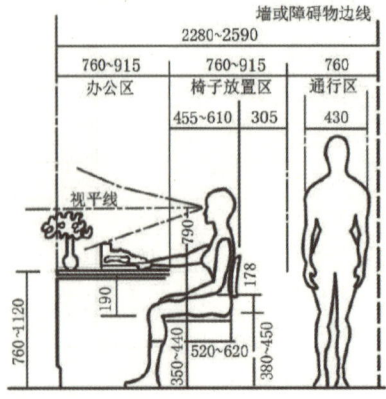

图 3-16 可通行基本单元

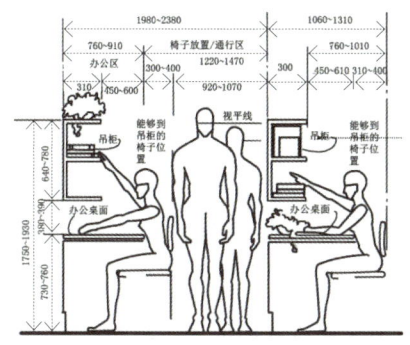

图 3-17 设有吊柜的基本工作单元

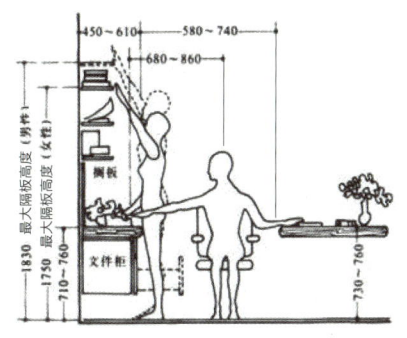

图 3-18 背后设有文件柜的基本工作单元

（2）桌椅隔断与人的视线关系。

办公桌面对面设计时，一般会在桌面上做一个小型隔断或者吊柜，这种方法是为了避免办公时人的视线直接对视，让人缺乏安全感，从而造成不必要的尴尬，如图 3-19 所示。

1100mm：坐着时无视觉障碍。

1200mm：与坐着时的视点大致相同，若站立则无视觉障碍。

1500mm：与站着时视点大致相同，环顾四周时压迫感小。

1600mm：可视范围为与座位相适应的展示面和储物架。

1800~2100mm：在视觉上遮蔽人动作的同时，有意识地隔断来自外部的视线，以保护隐私。

（3）会议区规模与布置。

会议区的平面布置主要根据参会人员数量、会议形式以及会议区的面积大小来确定。人们在会议区的活动动态尺寸是会议区空间设计的基础。

① 常见会议桌的形式与尺寸，如图 3-20 所示。

② 常见会议桌布置形式，如图 3-21 所示。

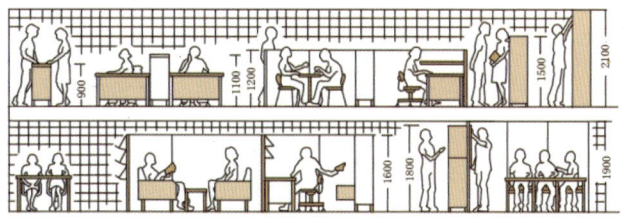

图 3-19 办公桌椅隔断与人体尺寸关系

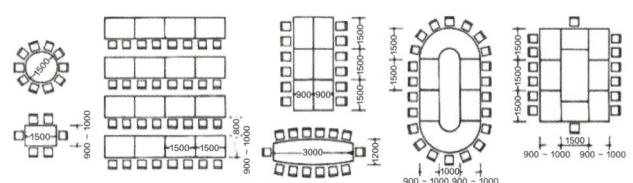

图 3-20 常见会议桌的形式与尺寸

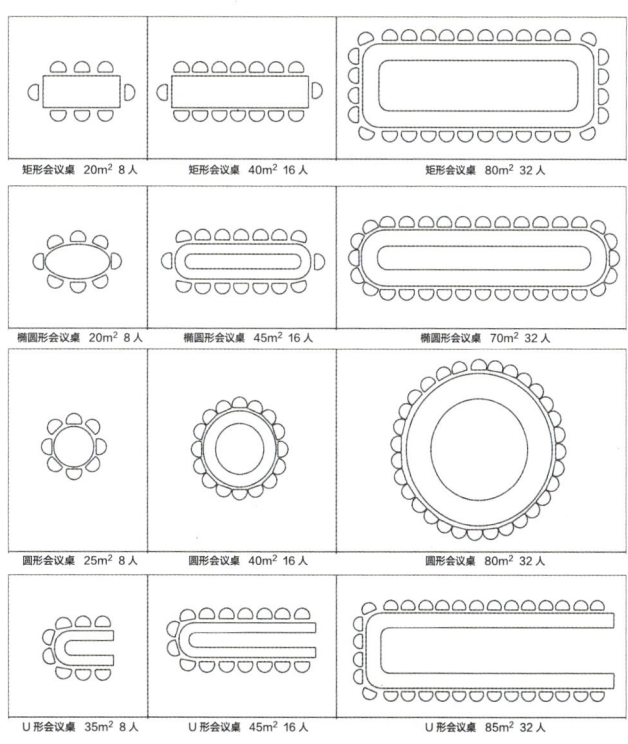

图 3-21 常见会议桌布置形式

（4）家具与人体尺寸关系。

人们在使用会议家具时，周边必要的活动空间和交通通行的尺寸，是会议家具布置的基本依据，如图3-22～图3-24所示。

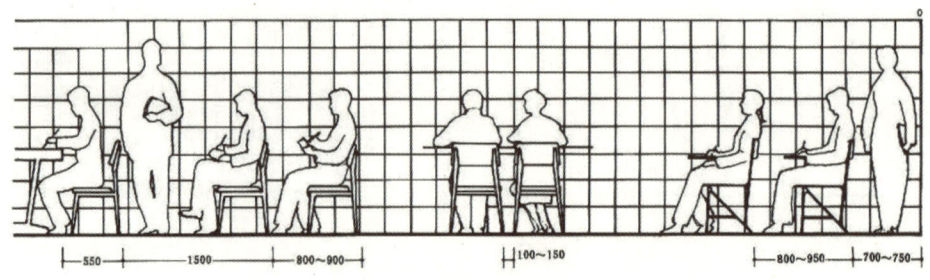

图3-22 各种会议状态中人与家具的尺寸关系

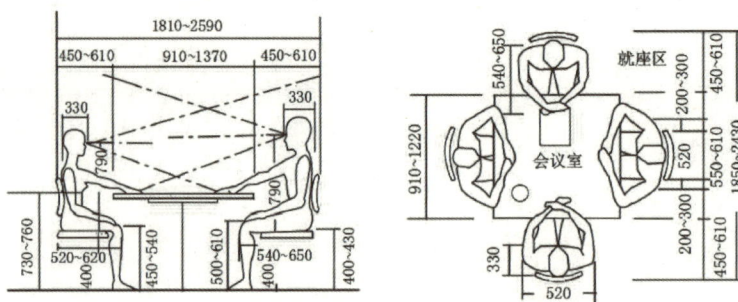

图3-23 方形会议桌与人体尺寸关系

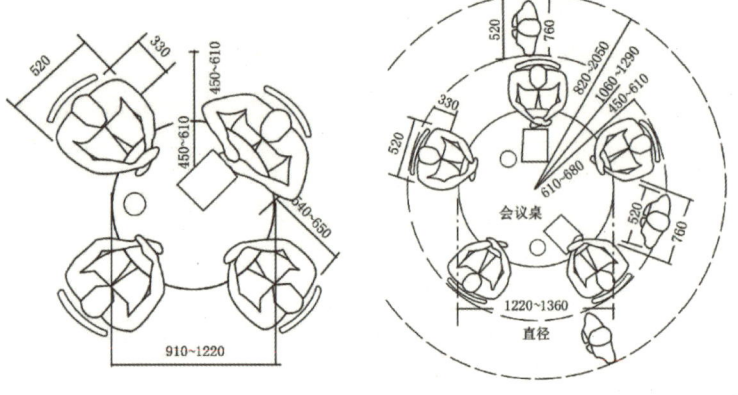

图3-24 圆形会议桌与人体尺寸关系

三、学习任务小结

通过本次课程的学习，同学们了解了办公空间设计尺寸与人体工程学的关系，通过办公空间设计尺寸的分析与讲解，明确了办公空间设计的尺寸规范，提升了办公空间设计的认知水平。课后，大家要多收集相关的办公空间设计尺寸规范图，并结合具体的设计案例进行分析和理解，将尺寸规范作为设计的前提和指导。

四、课后作业

（1）每位同学制作一份PPT，讲解办公空间设计的主要尺寸。

（2）每位同学收集10个完整的办公室尺寸设计案例，形成自己的资料库。

学习任务 三

办公空间色彩设计

教学目标

（1）专业能力：了解办公空间色彩设计知识，掌握办公空间色彩搭配方法。

（2）社会能力：结合客户需求进行办公空间色彩配色。

（3）方法能力：欣赏和品评办公空间色彩设计案例，提高资料整合能力和归纳能力。

学习目标

（1）知识目标：了解办公空间色彩设计原则与功能。

（2）技能目标：掌握办公空间色彩设计的方法。

（3）素质目标：通过鉴赏优秀的办公空间色彩设计案例，提升色彩搭配能力。

教学建议

1. 教师活动

（1）教师前期收集优秀办公空间色彩设计作品并进行展示和讲解，让学生感受优秀的办公空间色彩带来的视觉效果，进而了解办公空间色彩搭配的方法。同时运用多媒体课件和教学视频等多种教学手段，进行知识点讲授和作品赏析。

（2）通过教师的讲解和分析，帮助学生逐渐掌握办公空间设计搭配技巧。

2. 学生活动

（1）认真领会和学习办公空间色彩设计原则和功能。

（2）能创新性地进行办公空间色彩设计。

一、学习问题导入

自从 1666 年英国科学家牛顿在实验室里发现了光的成因后，人类对于色彩的研究也揭开了历史的新篇章，色彩为人类生活增添了无限情趣，并成为装点生活的重要元素。色彩是光的反射，即光刺激眼睛所产生的视觉感。了解色彩的物理特点以及色彩对人的心理、生理产生的影响，并灵活地应用在办公空间设计中，可以极大地丰富和美化办公空间的装饰效果。

二、学习任务讲解

1. 办公空间色彩设计的价值

办公空间中的色彩设计不仅可以体现企业的文化和品牌，美化空间环境，还可以传递情感、营造空间氛围。在办公空间的环境设计中，空间的色彩环境是重要环节，运用色彩的情感属性和色彩的心理效应，有计划、有目的地将办公空间色彩环境的寓意展现出来，可以创造出具有亲切感、舒适感的空间环境，体现空间的艺术魅力，如图 3-25 和图 3-26 所示。

图 3-25 办公空间色彩设计 1

图 3-26 办公空间色彩设计 2

2. 色彩的心理效应

（1）色彩的情绪表现。

不同的色彩组合可以让人产生不同的心理感受和情绪变化，例如：大面积的绿色让人感受到大自然的清新、舒适、休闲，可以缓解疲劳，调节身心；蓝色让人联想到天空和海洋，给人凉爽、清凉、悠远的感觉，如图 3-27 和图 3-28 所示。

图 3-27 绿色在办公空间色彩设计中的应用

图 3-28 蓝色在办公空间色彩设计中的应用

（2）色彩的空间感。

在办公空间色彩设计中，色彩瞩目性高、纯度高的暖色具有前进感，色彩柔和、纯度低的冷色则有后退的感觉，因此，可以运用色彩的空间感属性对办公空间色彩进行合理的配置和设计。例如可以用前进感较强的色彩作为主体色，用后退感较强的色彩作为背景色，让空间体现出不同的色彩层次变化，如图3-29所示。

图3-29 色彩的空间感在办公空间色彩设计中的应用

（3）色彩的温度感。

温度感是指色彩表现出来的冷热感受，不同色相的色彩给人不同的温度感。在办公空间色彩设计中，纯度和彩度较低的冷灰色调让空间显得更加宁静、雅致，纯度和彩度较高的暖色调可以强化主题，烘托空间气氛形成局部柱式焦点，如图3-30和图3-31所示。

图3-30 冷灰色调办公空间设计

图3-31 高纯度色彩在办公空间色彩设计中的应用

（4）色彩的重量感。

色彩的明度和纯度可以让空间产生重量感，明度和纯度高的色彩展现出轻盈、明快的视觉效果，让空间显得更加欢快、活泼；而明度和纯度低的色彩则展现出厚重、宁静的视觉效果，让空间显得更加稳重、优雅，如图3-32和图3-33所示。

图3-32 高纯度色彩办公空间设计

图3-33 低明度色彩办公空间设计

（5）色彩的尺度感。

色彩具有不同的尺度感受，明度高、纯度高的暖色可以让空间具有扩张感，明度低、纯度低的冷灰色可以让空间具有收缩感。在办公空间设计中，对尺寸较大的空间可以采用暖色调来减小空旷感，对尺寸较小的空间则可以利用冷色调减轻压抑感，如图3-34所示。

3. 办公空间色彩设计的原则

（1）统一性原则。

图 3-34　体现色彩尺度感的办公空间设计

统一性原则是在办公空间进行的界面、造型、家具、饰面材料和照明灯光等方面的设计，应从总体上考虑色彩的基调，形成统一的主色调，如图3-35所示。

（2）突出空间功能的原则。

员工在办公空间的不同区域里工作，其工作性质会存在差异，运用色彩的变化划分不同的功能区，可以让办公空间各区域的界限更加明确，各区域的特色也更加鲜明，如图3-36所示。

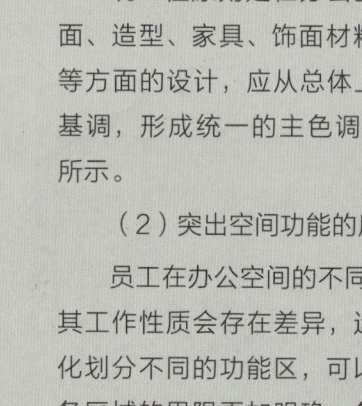

图 3-35　办公空间主色调设计　　　　　图 3-36　色彩划分办公空间功能区

（3）色彩丰富性原则。

办公空间色彩设计应该秉承统一中有变化，大协调、小对比的理念，在色彩面积、色彩明度和纯度、色彩肌理表现等方面进行有秩序、有规律的设计，形成空间整体和谐、局部变化丰富的色彩效果，如图3-37所示。

图 3-37 丰富的办公空间色彩设计

（4）体现灯光和材质美感的原则。

形与色、光与色总是结合在一起烘托空间氛围，办公空间色彩设计应考虑灯光、材质对办公空间色彩呈现的影响，运用灯光的照射突出或弱化色彩，运用材质的变化丰富色彩肌理，让空间形态和层次更加丰富，如图 3-38 所示。

图 3-38 灯光和材质对办公空间色彩设计的影响

4. 办公空间色彩设计的作用

（1）分隔空间。通过不同的色彩的变化，划分出不同空间区域，让空间分区更加明确。

（2）调节空间感。利用色彩的心理效应和视觉感受，调节空间的大小、疏密、轻重和远近。

（3）融合空间。利用相同或相近色彩使不同空间形成连续性，产生统一、协调的视觉效果。

（4）丰富层次。利用色彩的变化丰富空间的层次感。

（5）调节气氛。利用不同的色彩产生的心理效应，营造不同的环境气氛。

5. 办公空间色彩搭配设计的方法

办公空间色彩搭配要充分发挥色彩的装饰、美化作用，符合形式美的原则，正确处理协调与对比、统一与变化、主景与背景、基调与点缀等各种关系。

（1）基调舒适。

基调就是办公空间色彩的基本色调，办公空间是人们长期工作的场所，其色彩基调应该以素雅、宁静为宜，达到一种轻松、舒适的色彩效果，让办公环境显得和谐、柔和。办公空间的色彩基调一般采用纯度和彩度较低的色彩，为避免单调，可以在局部点缀一些纯度和彩度高的色彩，如图 3-39 所示。

图 3-39 基调舒适的办公空间色彩设计

（2）统一与变化。

在办公空间的色彩设计中，大面积的色彩不宜采用纯度高、彩度高的色彩；小面积的色块则可以考虑适当提高纯度和彩度。这样可以形成既和谐、统一又富有变化的空间视觉效果，如图3-40所示。

图3-40 统一中有变化的办公空间色彩设计

（3）稳定感与平衡感。

办公空间色彩搭配要考虑上轻下重的色彩关系，让空间显现出稳定感与平衡感。例如办公空间内天花的颜色较浅，地板的颜色可以适当深一点，墙面色彩适中，如图3-41所示。

（4）韵律感与节奏感。

为丰富办公空间视觉效果，可以通过不同的色彩搭配体现空间的韵律感和节奏感。强化色彩的对比效果，提高色彩的纯度和彩度是表现韵律感和节奏感的关键，如图3-42所示。

图3-41 办公空间色彩设计中稳定感与平衡感体现

图3-42 办公空间色彩设计中韵律感与节奏感体现

6.办公空间色彩搭配案例分析

（1）以无彩色的灰色作为办公空间的主色调，再点缀一两种鲜艳颜色，是一种易于协调又醒目的配色方案。鲜艳颜色的部分，应选取环境和企业形象的代表色，使色彩具有一定的象征意义，如图3-43所示。

图 3-43 以无彩色的灰色作为主色调的办公空间

（2）以木材或石材的自然色作为办公空间的主色调，让空间表现出自然、生态、环保、休闲的空间气氛。浅黄色的枫木、象牙木，色彩优雅柔和，纹理极具装饰美感，适合作为办公家具使用，如图 3-44 所示。

图 3-44 以木材色为主色调的办公空间

（3）用优雅的中性色作为主色调营造环境氛围，色彩丰富而不艳丽，适合食品和化妆品等行业的办公空间设计。通常的方法是用黑色、白色和灰色作为背景色，在局部墙面和办公家具上选用适量的鲜艳色，活跃环境气氛，如图 3-45 和图 3-46 所示。

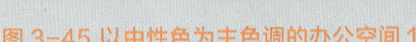

图 3-45 以中性色为主色调的办公空间 1

图 3-46 以中性色为主色调的办公空间 2

三、学习任务小结

同学们在了解办公空间色彩设计的原则和功能后，再通过大量办公空间色彩设计案例的展示与分析，了解办公空间色彩搭配的基本方法和技巧。让办公空间的色彩达到统一中有变化，是办公空间色彩设计的原则。课后，同学们可以继续收集更多优秀的办公空间色彩设计方案，为以后从事办公空间设计积累素材和经验。

四、课后作业

（1）分组制作办公空间色彩设计分析 PPT，并进行展示和讲演。

（2）每位同学收集 5 个完整的办公室色彩设计案例，形成自己的资料库。

项目四
不同类型办公空间设计

学习任务一　单间式办公空间设计
学习任务二　开敞式办公空间设计
学习任务三　景观式办公空间设计
学习任务四　综合式办公空间设计

单间式办公空间设计

教学目标

（1）专业能力：了解办公空间设计的不同类型，掌握单间式办公空间设计的方法。

（2）社会能力：提升对办公空间类型的了解，学习单间式办公空间的设计方法。

（3）方法能力：设计思维能力、设计创新能力。

学习目标

（1）知识目标：掌握单间式办公空间的设计方法。

（2）技能目标：结合客户要求进行单间式办公空间设计。

（3）素质目标：培养严谨、细致的学习习惯，提高个人设计创新能力。

教学建议

1. 教师活动

教师通过讲解单间式办公空间的基本概念和设计方法，培养学生的设计创新能力。

2. 学生活动

（1）认真领会和学习单间式办公空间设计的方法。

（2）能创新性地进行单间式办公空间设计。

一、学习问题导入

各位同学，大家好！今天我们一起来学习单间式办公空间设计。学习过程中我们将会讲解单间式办公空间的概念和特点，以及它的设计方法。同时会引入单间式办公空间设计案例进行分析，指导同学们进行单间式办公空间设计。

二、学习任务讲解

1. 办公空间的类型

办公空间以布局形式分类可分为单间式办公空间、开敞式办公空间、景观式办公空间和综合式办公空间。单间式办公空间是办公空间中独立性和私密性较好的类型，其以部门或工作性质为单位，由隔墙或隔断围合成独立的办公区域，分别安排在不同大小和形状的房间中。单间式办公空间典型的形式是由走道将各个独立空间连接起来呈对称式或单侧排列式布局，这种形式一般适用于政府机关单位的办公模式。单间式办公空间具有较高的私密性，部门之间干扰相对较少，灯光、空调等系统可独立控制。其缺点是办公空间较为封闭，办公区域之间的联系不便，空间气氛较为严肃，如图 4-1 所示。

开敞式办公空间是指减少空间间隔和实体隔断，让空间呈现开放状态的办公空间类型。这种类型的办公空间布局目前已广泛应用于各类企事业单位，它体现了现代办公注重沟通、开放包容的理念。开敞式办公空间有利于办公人员、办公组团之间的联系，提高了办公设施、设备的利用率，相对于单间式办公空间，减少了公共交通和结构面积，缩小了人均办公空间，提高了空间利用率。但其缺点是空间嘈杂，容易相互干扰，私密性不强，如图 4-2 所示。

景观式办公空间在办公空间内设置各类景观小品、绿植，或将室外的景观引入室内，营造舒适、宜人的办公环境。景观式办公空间倡导绿色、环保、休闲的办公理念，可以减轻办公人员的疲劳，提升办公人员的归属感，在一定程度上提高工作效率，如图 4-3 所示。

综合式办公空间是指将办公、餐饮、休闲娱乐等各种功能集合起来的办公空间类型，其可以满足工作和生活的各方面要求，也非常有利于员工之间的交流与沟通，如图 4-4 所示。

图 4-1 单间式办公空间

图 4-2 开敞式办公空间

图 4-3 景观式办公空间

图 4-4 综合式办公空间

2. 单间式办公空间设计方法

单间式办公空间面积一般为12～15m²，配套家具包含办公桌、会客椅或沙发、茶几、文件柜等，如图4-5所示。

单间式办公空间在平面布置图设计时，要在平面上对功能进行合理的分配。在尺寸上要满足基本的办公需求和通行需求，同时还要考虑空间的采光、通风和照明的问题，如图4-6所示。

单间式办公空间的间隔可以设计成多种样式，例如活动式、半透明式等，这样可以减轻空间的压抑感，如图4-7所示。

图4-5 单间式办公空间家具

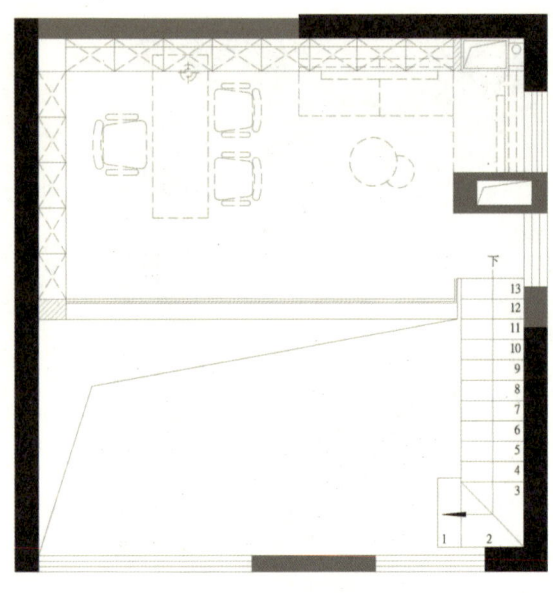

图4-6 单间式办公空间平面布置图设计

图4-7 单间式办公空间间隔设计

单间式办公空间的窗台是室内采光和通风的主要设施，可以设计成标准式和落地式两种样式，如图4-8所示。

图4-8 单间式办公空间窗台设计

单间式办公空间的墙面和天花是设计的重点，墙面除了放置柜子外，还可以用造型和饰面材料来丰富界面效果。天花可以通过造型的凹凸、材料和色彩的变化来丰富视觉效果，如图 4-9 所示。

单间式办公空间综合办公台是办公的主要家具，要充分满足设备安置和工作使用要求，如设备摆放的位置、供电、信号传输等，同时，还应考虑工作台设计、工作椅设计、照明设计、储物空间设计等要求，如图 4-10 所示。

图 4-9 单间式办公空间墙面和天花设计　　　　图 4-10 单间式办公空间综合办公台设计

三、学习任务小结

通过本次课程的学习，同学们了解了办公空间的类型，重点学习了单间式办公空间的设计方法。通过单间式办公空间设计案例的分析与讲解，开拓了设计的视野，提升了对单间式办公空间设计的深层次认识。课后大家要多收集单间式办公空间设计案例，积累设计素材和经验。

四、课后作业

（1）每位同学以 3m×4m 的空间进行单间式办公空间设计，并制作一份 PPT 进行展示。

（2）每位同学收集 5 个完整的办公空间设计案例，形成自己的资料库。

学习任务 二 开敞式办公空间设计

教学目标

（1）专业能力：了解开敞式办公空间的基本概念和分类。

（2）社会能力：提升对办公空间类型的了解，收集开敞式办公空间设计案例。

（3）方法能力：设计思维能力、设计创新能力。

学习目标

（1）知识目标：掌握开敞式办公空间的设计方法。

（2）技能目标：能结合客户要求进行开敞式办公空间设计。

（3）素质目标：培养严谨、细致的学习习惯，提高个人设计创新能力。

教学建议

1. 教师活动

教师讲解开敞式办公空间的基本概念、分类和设计方法，指导学生进行开敞式办公空间设计实训。

2. 学生活动

认真领会和学习开敞式办公空间设计的方法，能创新性地进行开敞式办公空间设计。

一、学习问题导入

各位同学，大家好！今天我们一起来学习开敞式办公空间设计。学习过程中我们将会讲解开敞式办公空间的基本概念、特点、分类及其设计方法。同时，引入开敞式办公空间设计案例进行分析和讲解，指导同学们进行开敞式办公空间设计。

二、学习任务讲解

1. 开敞式办公空间的基本概念

开敞式办公空间是指建筑内部办公环境中无墙体和隔断阻隔，仅以办公家具和设备组合形成的办公空间环境。其主要应用于群体办公区域、接待区、设计工作区、阅览室、休息室等。特点是空间流动性强，便于沟通交流，空间开阔、舒展。

2. 开敞式办公空间的优点

开敞式办公空间设计是将若干个部门置于一个大空间中，每个工作台用矮挡板分隔，既便于办公人员的交流、联系，又可以互相监督。这种办公空间由于工作台集中，省去了不少隔墙和通道的位置，节省了空间。同时，也便于办公家具、照明灯具、空调、信息线路等设施的定位与安装。开敞式办公空间可以有效促进工作人员之间的沟通与交流，可以在一定程度上提高工作效率，如图 4-11 所示。

开敞式办公空间并不是简单工作单元整齐划一的排放，在设计时要利用现代办公家具灵活多变的组合功能，根据部门人员配置及配套设施的功能需求进行组合。开敞式办公空间有利于员工之间保持良好的沟通，但由于每个人的工作区域处于工作视线之内，工作的自律性较小，也会降低个人的能动性和积极性。因此，办公家具隔断的布置，既要考虑个人的私密性和领域性要求，又要注意人员之间交往的合理距离。同时，所有的空间布局都应当以增加空间利用率和办公家具使用率为原则，如图 4-12 所示。

图 4-11 开敞式办公空间设计 1

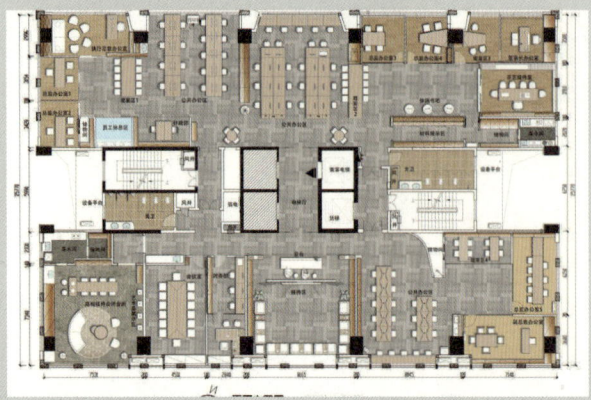

图 4-12 开敞式办公空间平面布置方案

图 4-13 开敞式办公空间设计 2

图 4-14 蜂巢型工作区

3. 开敞式办公空间的缺点

开敞式办公空间的缺点是部门之间私密性差，干扰较大，且设备使用率存在一定的浪费。在开敞式办公空间，常采用不透明或半透明的轻质隔断材料隔出管理办公室、接待室、会议室等空间，使其在保证一定私密性的同时，又与大空间保持联系，如图 4-13 所示。

4. 常见的开敞式办公空间类型

（1）蜂巢型。

蜂巢型就是像蜂巢一样面积较为紧凑的办公空间类型，优点是办公人员高度集中，交流与沟通便捷，办公空间成本较小，空间使用效率高，常用于小型服务公司、商务型公司的办公，如图 4-14 所示。

（2）组团型。

组团型属于团队小组式的办公空间类型，自律性低，互动性高，适合团队协作。特点是以部门为单元，在开放式办公空间中形成多个独立的工作区域，并按照工作流程将各个工作区域串联、组织起来。其优点是功能分区明确，工作流程清晰，工作效率较高，沟通方便，相互独立，互不干扰。常用于大型集团公司、综合服务类公司的办公，如图 4-15 所示。

图 4-15 组团型工作区

（3）密集型。

密集型属于密闭式办公空间的典型，注重个性化的独立工作空间，工作属性为自主性高，自律性强，互动性差，适合个性化、专注程度高的办公空间。这种类型的办公空间往往设置成独立的单间，个人办公时不受干扰，私密性较好。常见于会计事务所、律师事务所、设计公司的办公，如图 4-16 所示。

图 4-16 密集型工作区

（4）俱乐部型。

俱乐部型办公空间适合创新创意类的办公，办公环境兼具个人和团队合作需要，可以经常性地进行小组讨论、业务沟通等。在空间布局上既要确保空间具有一定的私密性，又要考虑空间的开放性。这种办公室类型的个人座位并不固定，公共区和会谈区可以容纳多人进行讨论，空间内往往配置吧台、用餐区或舒服的沙发，以营造轻松、休闲的空间氛围，如图 4-17 所示。

图 4-17 俱乐部型办公空间

三、学习任务小结

通过本次课程的学习，同学们初步了解了开敞式办公空间的设计方法。通过开敞式办公空间设计案例的分析与讲解，开拓了设计的视野，提升了对开敞式办公空间设计的深层次认识。课后，大家要多收集开敞式办公空间设计案例，积累设计素材和经验。

四、课后作业

以 10m×12m 的空间为基础，设计一个开敞式办公空间，并制作一份 PPT 进行展示。

学习任务 三　景观式办公空间设计

教学目标

（1）专业能力：了解景观式办公空间设计的方法。

（2）社会能力：提高对景观式办公空间的理解。

（3）方法能力：提高设计思维能力、设计创新能力。

学习目标

（1）知识目标：掌握景观式办公空间的概念和特点。

（2）技能目标：能结合客户要求进行景观式办公空间设计。

（3）素质目标：培养严谨、细致的学习习惯，提高个人设计创新能力。

教学建议

1. 教师活动

教师通过讲解景观式办公空间的基本概念和特点，总结和归纳设计方法，培养学生的设计创新能力。

2. 学生活动

（1）认真领会和学习景观式办公空间设计的方法。

（2）能创新性地进行景观式办公空间设计。

一、学习问题导入

各位同学，大家好！今天我们一起来学习景观式办公空间设计。学习过程中我们将会讲解景观式办公空间的概念、特点及其设计方法。同时，会引入景观式办公空间设计案例进行分析，指导同学们进行景观式办公空间设计。

二、学习任务讲解

1. 景观式办公空间的概念

景观式办公空间是指将绿色景观作为主要元素融入办公空间内的空间表现形式。其注重人与环境景观之间互动和交流，创造出休闲、宜人的办公环境，倡导绿色环保的设计理念，让办公空间充满生机和活力。让置身其中工作的员工能够有效缓解工作压力，减轻疲劳，提高工作效率，如图 4-18 所示。

图 4-18 景观式办公空间设计

景观式办公空间的设计根据工作流程、各办公组团的相互关系及员工办公位置的需求来进行规划，由办公家具和设备组成的工作单元通过景观绿化来分隔空间，既保证了空间的整体感，又能形成独立的工作区域。景观式办公空间布局灵活，空间环境质量高，空间氛围舒适、宜人。

案例一：好莱坞新办公室 hoILA

好莱坞新办公室 hoILA 占地约 8400 平方米。采用景观式办公空间形式进行设计，办公环境充满清新、自然的活力。办公室外观是一个椭圆形的独立建筑，其被嵌入一个 1.2 米高的花坛中，形成一个内凹的空间形态。员工在室内办公时可以全方位欣赏到花园内的植物，营造出在大自然中办公的空间环境氛围。

整个办公空间由 60 个独立办公室组成，这些独立的办公室采用全透明落地玻璃设计，就像是聚集在花园里的花盆，四周环绕着 1 万多种花草树木，并将蝴蝶、蚂蚁、蜜蜂、松鼠放入花园中，营造出一派生机勃勃的自然景观，如图 4-19 所示。

图 4-19 好莱坞新办公室 hoILA

2. 景观式办公空间的特点

景观式办公空间在空间布局上是一种非理性的、顺其自然的，使人具有宽容、自在心态的空间形式，即"人性化"的空间环境。这种空间通常采用不规则的办公家具摆放方式，室内色彩以清新、明快、淡雅为主，并用景观、植物等进行空间分隔。生态意识贯穿于景观式办公空间设计的始终，无论是办公空间的外观设计，还是内部空间的环境设计，都非常注重人与自然的紧密结合，力求在办公空间区域内营造出具有户外生态环境的空间形态，让办公人员享受到充足的阳光，观赏到优美的景致，以愉悦的心情投入到工作中。

案例二：槟城森林工厂

本案例采用开放式设计，将办公空间置身于茂密的森林之中，让建筑的内外空间与自然景观紧密结合，营造出舒适、休闲、雅致的空间氛围。建筑外立面的设计中主要考虑抵挡炎热刺眼的阳光，同时让漫射的自然光能够渗透到室内。办公空间和庭院用百叶窗进行遮蔽，在保证采光的同时，让内外空间实现有效的互通，如图4-20所示。

图 4-20 槟城森林工厂景观式办公空间设计

3. 景观式办公空间的设计要点

（1）建筑外墙采用开放式设计，实现室内外空间的有效互通和交流。

（2）室内空间布局采用流动式设计，减少空间的实体分隔，将绿色景观作为风格空间的元素，提高绿色景观在空间中的占比。

（3）保证室内空间的采光，利用绿色植物美化空间、净化环境。

三、学习任务小结

通过本次课程的学习，同学们初步了解了景观式办公空间的概念和特点。通过景观式办公空间设计案例的分析与讲解，初步理解了景观式办公空间的设计方法和要点，提升了对景观式办公空间设计的深层次认识。课后，大家要多收集景观式办公空间设计案例，积累设计素材和经验。

四、课后作业

以10m×12m的空间为基础进行景观式办公空间设计，并制作一份PPT进行展示。

学习任务

四

综合式办公空间设计

教学目标

（1）专业能力：了解综合式办公空间设计的方法。

（2）社会能力：提升综合式办公空间的设计能力。

（3）方法能力：设计思维能力、设计创新能力。

学习目标

（1）知识目标：理解综合式办公空间的概念和类型。

（2）技能目标：结合客户要求进行综合式办公空间设计。

（3）素质目标：培养严谨、细致的学习习惯，提高个人设计创新能力。

教学建议

1. 教师活动

教师讲解综合式办公空间的基本概念和类型，提高学生的认知，通过分析综合式办公空间设计案例，提高学生的设计能力。

2. 学生活动

（1）认真领会和学习综合式办公空间设计的方法。

（2）能创新性地进行综合式办公空间设计。

一、学习问题导入

各位同学，大家好！今天我们一起来学习综合式办公空间设计的相关知识。学习过程中将会讲解综合式办公空间的概念和类型，总结其设计方法。同时，会引入综合式办公空间设计案例进行展示和分析，指导同学们进行综合式办公空间设计。

二、学习任务讲解

1. 综合式办公空间的概念

综合式办公空间是一种集合了开敞式与隔断式办公空间的优点，所有的办公区域沿着外墙依次排开，中间使用玻璃隔断，中心区域用作非正式的交流及团队工作区的办公空间形式。具有高度的灵活性，空间紧凑，空间利用率高，更加经济实用，如图4-21所示。

图4-21　综合式办公空间设计

2. 综合式办公空间的智能化运用

随着现在人们对办公环境的高质量要求，办公空间设计逐渐步入了智能化时代。信息技术的不断发展以及区域无线网络的普及，让智能化和自动化成为现代办公的标配。先进的通信技术和自动化系统使办公人员的工作更加方便、快捷。舒适的工作环境、高效率的管理系统、先进的计算机网络和远距离通信网络、开放式的楼宇自动化系统构成智能化办公的基本要素。无纸化与数字化办公的实现，促使公司中的所有信息可以通过网络进行共享。

3. 综合式办公空间的类型

（1）蜂巢型。

蜂巢型办公空间属于典型的综合式办公空间，配置一律制式化，个人性极低，适合互动较少、自主性较低的公司。例如电话营销、网络营销等，如图4-22所示。

图4-22　蜂巢型办公空间设计（NTI总部办公室）

（2）密室型。

密室型办公空间是密闭式工作空间的典型，工作属性为高度自主，不需要和同事进行太多互动，例如会计师、律师等专业办公室，如图 4-23 所示。

（3）鸡窝型。

鸡窝型办公空间是一种团队共同工作，互动性高，开放性强的综合式办公空间形式，例如设计公司、保险公司和新媒体公司等，如图 4-24 所示。

（4）会所型。

会所型办公空间适合互动交流较为频繁的公司，例如广告公司、资讯公司、管理顾问公司等，如图 4-25 所示。

图 4-23　瀛于正律师事务所办公空间设计

图 4-24　蒙尚时装办公空间设计

图 4-25　德国斯图加特施莱克·伯格曼公司总部

三、学习任务小结

通过本次课程的学习，同学们初步了解综合式办公空间的概念和类型。通过综合式办公空间设计案例的分析与讲解，掌握了设计的方法，开拓了设计的视野，提升了对综合式办公空间设计的深层次认识。课后，大家要多收集综合式办公空间设计案例，积累设计经验。

四、课后作业

以 8m×10m 的空间为基础进行综合式办公空间设计，并制作一份 PPT 进行展示。

项目五

办公空间设计
经典案例赏析

教学目标

（1）专业能力：能分析和鉴赏办公空间设计案例。

（2）社会能力：能理解办公空间设计的方式和方法。

（3）方法能力：能欣赏和品评办公空间设计案例。

学习目标

（1）知识目标：学会分析和鉴赏办公空间设计案例。

（2）技能目标：理解优秀办公空间设计案例的设计方式。

（3）素质目标：通过鉴赏优秀的办公空间设计案例，提升办公空间设计能力。

教学建议

1. 教师活动

（1）教师前期收集优秀办公空间设计作品并进行展示和讲解，让学生感受优秀的办公空间设计亮点，进而了解办公空间设计的方法。同时运用多媒体课件和教学视频等多种教学手段，进行知识点讲授和作品赏析。

（2）调动学生积极参与设计案例分析与讨论，培养学生的沟通交流能力。

2. 学生活动

（1）学生认真学习理解案例，掌握其中的设计手法和设计技巧。

（2）学生主动参与办公空间设计案例的分析与讨论，提升沟通和交流能力。

一、学习问题导入

同学们，大家好！一个成功的办公空间设计需要有设计理念和内涵去支撑它，并以此来体现企业的文化和精神。学会分析与鉴赏优秀的办公空间设计案例，可以学习其中蕴含的理念，总结设计的方法和技巧，提高自身的设计审美能力。

二、学习任务讲解

学习案例一：华为 VR/AR 软件中心南昌办公空间设计

设计师：袁俊龙

项目地址：南昌

面积：1773 平方米

设计理念：科技、多元、极简、工业风

设计分析：

前厅以黑色木饰面造型背景墙与白色亚克力接待台为主，简洁、清晰、明了，整个空间采用开放式设计，减少了空间的围合，制造空间视觉的通透感，营造出庄重、典雅、包容的空间氛围。前厅空间于虚实之间自如转换，黑白相间，极具艺术感染力，如图 5-1 ~ 图 5-3 所示。

图 5-1 办公前厅设计 1

图 5-2 办公前厅设计 2

图 5-3 办公前厅设计 3

图 5-4 公共通道空间设计

通道以简约的线条和充满未来感的设计语言勾勒出兼具节奏感和科技感的立体空间形态。深色木地板与浅色地毯形成厚重与轻盈的对比效果，很好地划分了空间区域。大面积灰色天花让空间更加宁静、朴实，打造出空间的层次与韵律，提升了空间的品质感，为整个空间增添了文化韵味和艺术气质，如图 5-4 所示。

会议室的设计简洁明了，践行了"少就是多"的设计理念，深灰色墙面水泥板让立面更加统一，也让空间更加宁静。明亮的天花设计，让空间的采光充足，如图 5-5 所示。

单间办公室造型简约、实用，色彩朴素、大方，采光充足，材质自然，环保高效的无纸化办公体现出公司高效、务实、国际化的作风，如图 5-6 所示。

公共办公区域延续了黑白主调，采用开放式空间设计，减少了空间的阻隔，让沟通和交流变得更加顺畅，也减轻了空间的压抑感。大面积玻璃幕墙设计保证了室内的采光，让视野更加开阔，浅灰色地毯搭配白色家具和深灰色天花，让空间的层次更加丰富，如图 5-7 所示。

图 5-5 会议室空间设计

图 5-6 单间办公室空间设计

图 5-7 公共办公区域空间设计

设计师：王青、闫振、王海川

项目地址：西安

项目面积：650 平方米

设计理念：现代、时尚、自由曲线、灵动、韵律

设计分析：

建筑空间是静止的，而人的视觉和心理感受却会随着场景转换而变动。本案例的前台区域作为进入办公空间的第一印象，展现出曲线艺术的美感。以活泼的曲线象征企业开放、自由的文化理念，为空间增添趣味的同时也丰富了空间的情绪。运用造景手法打造的接待台，以螺旋造型和深红色帷幕作为背景，增添了空间的戏剧性效果，也隐喻了新丝路柔软、飘逸的文化内涵，如图 5-8 所示。

图 5-8 前台接待区域空间设计

电子商务公司与传统公司不同，固定工位需求少，流动性更强。所以设计师抛弃传统的格子间办公设计，让场景既能呈现各自的独立性，又能结合形成大的聚集场所。同时在空间设计中引入柯布西耶的色彩理论，利用"红、白、粉"三种颜色营造出一个多层次的办公环境，如图 5-9 所示。

图 5-9　开放办公区域设计

展示和洽谈区域采用半开放式办公空间设计，利用曲线和曲面围合成一个相对封闭的空间，形成一定的私密性。酒红色的主色调使空间更具温情和浪漫气质，营造出时尚、优雅的空间氛围，如图 5-10 所示。

公共活动区域造型变化丰富，运用解构主义设计手法让空间充满灵动感。白色和浅咖啡色成为掌控全景画面的主色调，再点缀红色的坐垫，活跃了空间的氛围，让整个空间既统一又富有变化，如图 5-11 和图 5-12 所示。

图 5-10　洽谈区空间设计

图 5-11 公共活动区设计 1

图 5-12 公共活动区设计 2

单间办公室相对独立，私密性较好，采用吸音材料装饰墙面，增添艺术感的同时减少声音的干扰。家具陈设简洁、现代，极具艺术气息和时尚品质，如图 5-13 所示。

图 5-13 单间办公室设计

三、学习任务小结

通过本次课程的办公空间设计案例展示与分析，同学们学习到了优秀办公空间设计的方法和技巧，体会到了办公空间设计时应该如何对各个区域进行合理的规划，以及对空间的造型、色彩、采光、材质进行综合考量。课后，同学们可以继续收集更多优秀的办公空间设计方案，并分析其设计亮点和设计手法，提高自身的办公空间设计鉴赏能力。

四、课后作业

每位同学收集 5 个办公空间设计案例，并制作成 PPT 进行展示。

项目五 办公空间设计经典案例赏析

参考书目

[1] 王受之 . 世界现代设计史 [M]. 北京：中国青年出版社，2002.

[2] 齐伟民 . 室内设计发展史 [M]. 合肥：安徽科学技术出版社，2004.

[3] 陈易 . 室内设计原理 [M]. 北京：中国建筑工业出版社，2006.

[4] 张绮曼，郑曙旸 . 室内设计资料集 [M]. 北京：中国建筑工业出版社，1991.

[5] 甘诗源，吴懿 . 办公空间室内设计 [M]. 石家庄：河北美术出版社，2015.

[6] 贾祝军，来增祥 . 办公空间设计与实践 [M]. 武汉：武汉大学出版社，2016.